데이터 분석, 이제는 누구나 할 수 있다!

엑셀로 쉽게 배우는 **기초통계**

데이터 분석, 이제는 누구나 할 수 있다!

엑셀로 쉽게 배우는 **기초통계**

발 행 일 2019년 12월 26일 초판 1쇄
2023년 2월 10일 초판 3쇄
지 은 이 양희정
발 행 인 김병석
발 행 처 한국표준협회미디어
출판등록 2004년 12월 23일(제2009-26호)
주 소 서울특별시 강남구 테헤란로69길5(삼성동, DT센터) 3층
전 화 (02)6240-4900
팩 스 (02)6240-4949
홈페이지 www.ksamedia.co.kr
I S B N 979-11-6010-041-9 13310

값 10,000원

데이터 분석, 이제는 누구나 할 수 있다 !

엑셀 Excel 로 쉽게 배우는 기초 통계

양희정 지음

KSA 한국표준협회미디어

머리말

통계를 왜 배워야 할까요?

수많은 정보가 생성되는 빅데이터 시대, 4차 산업혁명 시대입니다. 데이터의 규모는 방대하고 생성주기는 짧으며, 형태도 다양합니다. 4차 산업혁명 시대에는 빅데이터를 수집하고 분석해 전략적으로 활용하는 능력이 매우 중요합니다.

데이터 분석에 필요한 가장 기초가 되는 역량은 무엇일까요? 바로 '통계'입니다. '통계학'은 대다수의 사람들이 '어렵다'고 말합니다. 함수 기호와 그래프 등 학창 시절 이후로 접하지 않았던 수식들로 인해 더욱 어렵게 느껴집니다. 분명, 한 번에 이해하고 활용할 수 있는 학문은 아닙니다.

그렇지만, 통계를 이해하고 활용할 줄 안다면 미래 시대에서는 더욱 주목받는 인재가 될 것이 분명합니다. 이런 이점 때문에 어렵다고 쉽게 포기하기에는 아까운 학문입니다. 그리고 우리 사회에서는 고난이도의 통계를 활용하는 일은 극히 드뭅니다. 기초 능력만 습득해도 직장생활을 하는 데 큰 무기가 될 수 있습니다.

이 책은 쉽게 통계를 접근하는 데 초점을 맞췄습니다. 특히 많은 사람들이 사용하는 엑셀을 통해 통계를 활용할 수 있도록 만들었습니다. 엑셀 기능을 통해 귀찮고 복잡한 계산을 하지 않아도 데이터를 구하고 그래프를 만들 수 있습니다.

물론 전문적인 데이터를 구하기 위해서는 전문 프로그램을 활용해야 합니다. 그러나 대부분의 직장에서는 전문 프로그램을 활용하지 않아도 되는 수준의 통계를 활용합니다. 또한 이 책은 직장인들에게만 해당되지 않습니다. 통계학을 배우는 학생들에게도 좋은 학습 자료가 될 것으로 기대합니다.

일부 사람들은 통계를 품질관리 업무에서나 활용하는 툴이라고 생각합니다. 품질관리에서 많이 활용하는 툴은 맞습니다. 그러나 통계의 활용은 품질관리에만 국한되지 않습니다. 사업분석을 해야 하는 마케팅 부서에서도, 전략을 수립해야 하는 기획 부서에서도 통계는 많이 활용됩니다. 어디에서든 통계는 필요합니다.

이 책을 통해 통계가 더 이상 어렵게 느껴지지 않길 바라며, 이 책을 읽는 모든 사람들이 4차 산업혁명 시대의 핵심 인재로 거듭나길 바랍니다.

저자 양희정

차 례

PART 1

데이터라고 모두 정보가 되는 것은 아니다

1장

데이터라고 모두 정보가 되는 것은 아니다

학습내용

- 기술통계학과 추측통계학을 공정의 품질수준과 연결하여 표현할 수 있다.
- 모집단을 분석하기 위한 목적을 명확히 하여 통계적 과정을 수행할 수 있다.
- 모집단에서 랜덤으로 표본을 추출하는 방법을 알고 수행할 수 있다.

1.1 통계학의 종류와 용도

(1) 관리란 공정이 관리상태인지 이상상태인지를 점치는 것

관리란 무엇일까요? 회사에서 여러분들은 늘 관리라는 업무를 하게 됩니다. 일반적으로 관리란 문제가 생기기 전에 문제를 해결함으로써, 문제가 없는 상태를 유지하는 것입니다. 이런 상태를 품질관리에서는 '관리상태'라고 합니다. 반면 사고가 터지기 전에 조처가 이루어지지 않으면 사고가 발생합니다. 이를 '이상상태'라고 합니다. 더군다나 사고가 자주 터지면 '관리 부재'라는 용어를 사용합니다. '관리 부재'는 관리자가 없다는 상태를 뜻합니다. '당신이 필요 없다' 정말 무서운 용어죠?

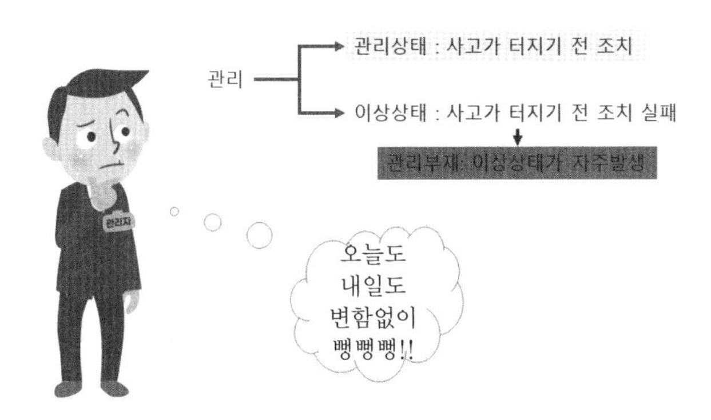

〈그림 1-1〉 관리상태와 이상상태

만약 공정이 어느 시점에 이상상태가 되는지, 어느 시점이 작업조건을 조정해야 할 때인지를 알 수 있다면 얼마나 관리하기 좋을까요.

뛰어난 경력사원들은 잘 하겠지요? 그럼 신입사원은 어쩌죠? 또한 경력사원의 컨디션이 안 좋거나 능력이 부족한 경력사원이라면 어쩌죠? 걱정하지 마세요. 족집게 도사가 있습니다. 통계학은 공정을 점치기 위한 도구입니다.

〈그림 1-2〉 통계학은 공정의 상태를 점치는 것

(2) 통계학이란 무엇인가?

통계학은 국가(state)의 상태(status)를 살피는 것이라는 뜻의 합성어로 탄생하였습니다(statistics). 통계학은 있는 사실을 조사하여 알기 쉽게 보여 주는 기술통계학과 어떤 사실을 확인하기 위해 표본의 결과를 근거로 추론하는 추측통계학으로 나누어집니다.

- **기술통계학**: 있는 사실을 조사하여 알기 쉽게 보여주는 것
- **추측통계학**: 어떤 사실을 확인하기 위해 표본의 결과를 근거로 추론하는 것

(3) 기술통계학(descriptive statistics)

기술통계학의 기술은 technology가 아니고 descriptive입니다. 기술통계학은 어떤 집단에서 구한 데이터를 알기 쉽게 평균, 표준편차, 상관계수 등의 숫자나 꺾은선그래프, 막대그래프, 히스토그램 등의 그래프로 정리하여 보여주는 방법입니다. 그냥 보는 것으로서 상태를 알 수 있습니다. 그러므로 일반적인 보고자료 등 모든 것이 기술통계학의 일종이라 할 수 있습니다.

역사상 최고의 기술통계학을 활용한 사례는 크림전쟁 때 나이팅게일이 작성한 '로즈 다이어그램〈그림 1-3〉'입니다.

'성스럽고 희생적인 여성, 야전병원의 참혹한 광경들 사이를 오가며 죽어가는 병사의 침상을 자애의 빛으로 신성하게 만드는 광명의 여인'으로 묘사되는 플로렌스 나이팅게일은 1854년 10월 21일 38명의 수녀로 구성된 간호사를 이끌고 크림전쟁터로 떠났습니다. 당시 야전병원의 상태는 형편없었습니다. 나이팅게일이 맞닥뜨린 건 일반 병원의 두 배에 이르는 병영의 사망률이었습니다. 배경에는 한 세대 동안 근위 기병대 본부에 앉아 철통같이 개혁을 저지해온 워털루 전쟁의 영웅 웰링턴이 있었습니다.

나이팅게일을 '백의의 천사'로 추앙하도록 만든 힘은 자비를 털어 병원의 위생 상태를 개선한 일도, 여자라는 이유로 육군에 포함되지 못하면서도 군 수뇌부와 맞서 싸운 뚝심도, 사경을 헤매는 중에도 개혁의 끈을 놓지 않은 헌신성도 아니었습니다. 그녀는 꼼꼼한 통계학자로 파이형 통계 그림을 작성하여 국방장관과 여왕을 설득해 지원을 이끌어냅니다. 그녀는 월별로 사망자 수와 원인을 그림으로 표시했는데, 시계방향으로 마치 꽃이 피어나는 것 같아 '로즈 다이어그램'이라 불렀습니다. 신선한 공기 등 병원 환경의 개선만으로 사망률은 1년 새 42%에서 2%로 떨어졌습니다. 나이팅게일은 뒷날 왕립통계학회 첫 여성회원이 됐으며, 미국통계학회의 명예회원으로 추대되었습니다.

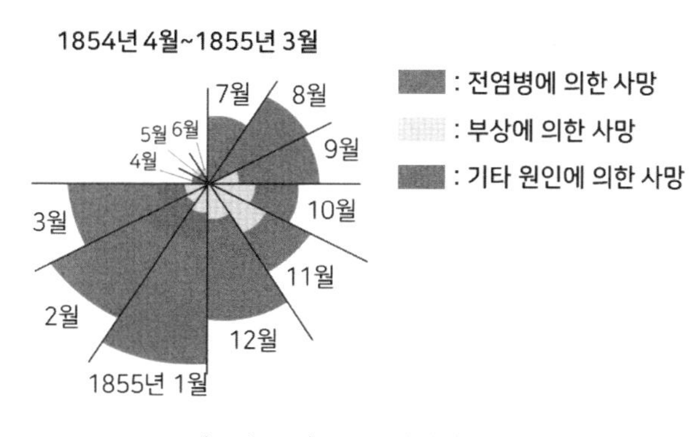

〈그림 1-3〉 로즈 다이어그램

(4) 추측통계학(inferential statistics)

추측통계학은 모집단에서 표본을 샘플링하여 측정한 데이터에서 통계량을 구하고, 그 통계량을 과학적으로 추론하여 모집단의 모습을 유추하거나 결과와 원인의 함수관계를 규명하는 방법입니다. 만약, 장님이 코끼리를 10번쯤 만져본다면, 추측할 수 있을까요? 통계학에서 데이터는 결론을 추구하는 데 필요한 중요한 증거입니다. 그러므로 데이터는 로트를 대변할 수 있어야 합니다. 골고루 만져보면 코끼리인줄 알겠지만 코만 만지면 기둥으로 알지 않을까요?

〈그림 1-4〉 추측통계학이란 일부로 전부를 추론하는 것

1.2 통계분석의 절차와 조건

(1) 통계분석의 절차

일반적으로 통계분석의 절차는 다음과 같습니다〈그림 1-5〉.

① 분석의 목적이 무엇인지 결정합니다.

② 의사결정을 위한 판정기준을 명확히 합니다. 판정기준은 통계적 기준을 원칙으로 합니다.

③ 분석의 목적에 적합하도록 로트를 결정합니다. 로트는 모집단이 됩니다.

④ 로트를 대표하는 표본을 샘플링합니다.

⑤ 표본을 측정하여 데이터로 변환합니다.

⑥ 데이터를 목적에 부합되는 통계량이라는 품질정보로 변환합니다.

⑦ 판정기준과 비교하여 의사결정을 합니다.

이러한 과정에서 원칙을 지키지 않을 경우 정보의 오류가 발생하게 됩니다.

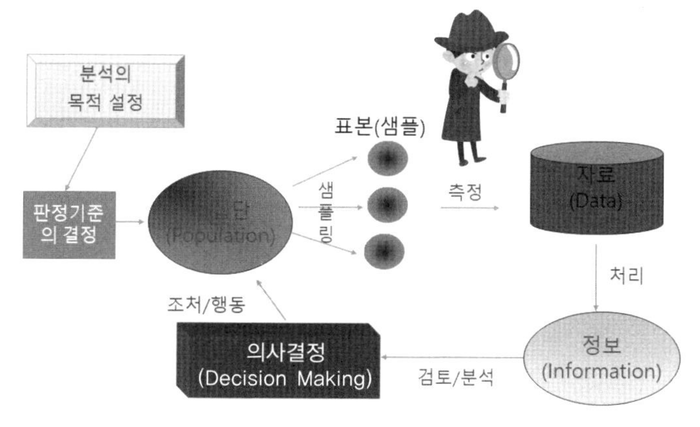

〈그림 1-5〉 통계적 분석 절차

(2) 데이터의 존재 원칙: 분석의 목적을 명확히 하는 것

모집단은 분석의 목적에 따라 시간적 공간적 층별 범위가 결정됩니다. 공간적 층별 분류는 우리 집, 우리 회사 같은 범위를 뜻하므로 누구나 쉽게 할 수 있습니다. 하지만 시간적 관점을 고려하지 않으면 공간 범위는 여러 가지 혼란스러운 경우가 발생합니다.

예를 들어 초등학교 1학년 담임들은 학기 초 입학한 반 학생들의 몸무게를 측정하여 보고하여야 한다고 합시다. 현재 반 아이는 30명. 하지만 2명은 내일 전학을 가고 1명이 내일 전학을 옵니다. 이 경우 입학생에 대한 반의 범위는 어떻게 될까요? 30명일까요? 29명일까요?

이는 데이터의 목적에 따라 달라집니다. 1년 뒤 아이들의 신체 변화를 보는 것이 목적이라면 전입될 아이가 포함되어야 하고 전학갈 아이는 포함하지 않아야 합니다. 즉, 29명입니다.

반면 매년 8세 아동의 신체변화를 목적으로 한다면 그냥 오늘 측정하면 될 것입니다. 30명이 되지요. 내일 전입생은 입학생이 아니니까요.

이와 같이 모집단은 공간과 시간적 층별이 이루어진 범위로 정해집니다.

〈그림 1-6〉 우리 반 아이는 누구?

(3) 데이터의 존재 원칙: 표본의 추출은 랜덤으로 이루어져야 한다.

표본은 모집단의 상태를 대표하는 것입니다. 모집단에서 표본을 취할 때 반드시 무작위(랜덤)로 샘플링하여야 합니다. 임의 표본은 정보를 살아 숨쉬게 합니다.

통계적으로 추출한 샘플만이 모수를 추정할 수 있습니다.

조건 A는 총수량 1,000개에 대해 100개를 검사한 결과 5개의 불량이 적출되었습니다. 이때의 표본은 랜덤으로 샘플링한 것입니다.

조건 B는 동일 수량에 대해 동일 개수를 검사한 결과 3개의 불량이 적출되었습니다. 이때의 표본은 앞에서 하나씩 하나씩 순차적으로 확인한 결과로 불량은 97개째까지 없다가 98번째부터 연속 3개가 발생하였습니다.

여러분들은 어떤 로트를 선택하겠습니까? 불량률이 낮은 B인가요. 아니면 불량률이 높은 A인가요? A는 무작위 샘플링 즉 임의 표본 결과랍니다. 아무리 불량률이 B가 낮아도 전체가 더 불량률이 낮다고 확신할 수 없습니다. 그러므로 대부분 신뢰할 수 있는 데이터인 A를 선택하지 않을까요?〈그림 1-7〉.

조건 A	조건 B
• 현 검사 수 : 100개 • 부적합품 수 : 5개 • 샘플링 방법 : 무작위의 결과로 5개 불량	• 현 검사 수 : 100개 • 부적합품 수 : 3개 • 샘플링 방법 : 맨 앞줄 100개를 봤는데 마지막 3개가 연속 불량

〈그림 1-7〉 표본의 추출은 랜덤으로 이루어져야 정보의 가치가 있다.

1.3 랜덤 샘플링의 종류

(1) 단순 랜덤 샘플링(simple random sampling)

모집단의 모든 구성 원소(element)가 표본으로 선택될 확률(P=n/N)이 동일한 샘플링 방법입니다.

이 샘플링 방법을 실행하기 위해서는 로트의 상태가 이동로트가 아니라 정지 상태의 로트로 샘플링하기 쉽게 모여 있어야 합니다. 로트의 크기가 너무 크거나 액체 등의 경우에는 실시가 곤란합니다.

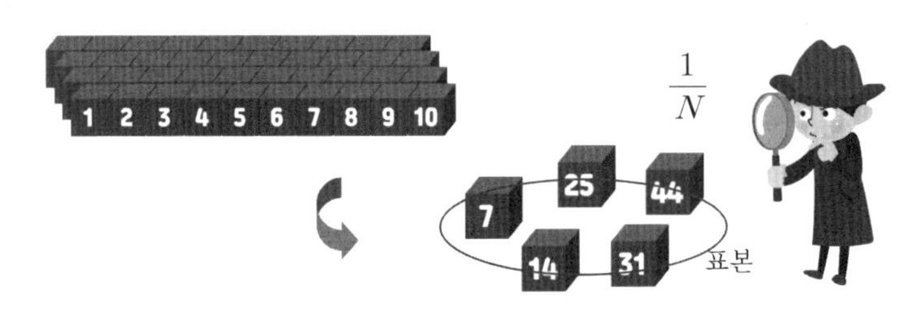

〈그림 1-8〉 단순 랜덤 샘플링

(2) 계통 샘플링(systematic sampling)

표본을 시간적으로 일정한 간격을 두고 취하는 샘플링 방법입니다. 이때 첫 표본의 선택은 랜덤으로 결정하고 그 이후부터 계통으로 실행하므로 Random Start법이라고도 합니다. 연속생산방식의 이동로트에 대한 검사에 효과적으로 적용할 수 있습니다. 계통간의 간격 k는 로트의 크기를 표본의 크기로 나누어 구합니다.

다만 이 검사방식은 가공라인의 경우 프로세스가 어떠한 Cycle 현상을 보이면서 생산될 때 Cycle에 따른 샘플링 오류가 커질 수 있음을 유의해야 합니다.

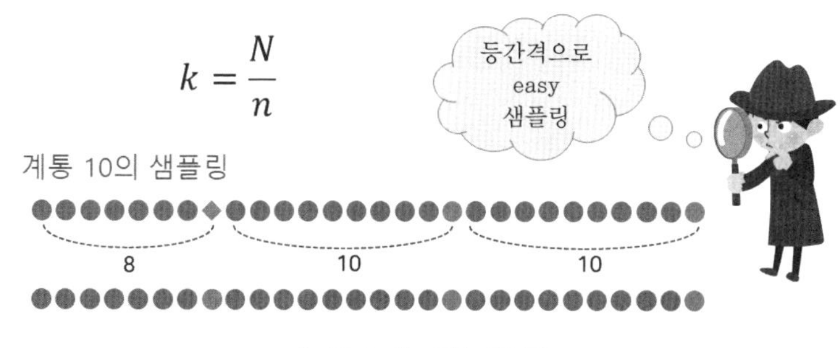

〈그림 1-9〉 계통 샘플링

(3) 층별 샘플링(stratified sampling)

모집단이 몇 개의 sub lot(예 Pallet)로 되어 있을 때, 모든 Sub-Lot별로 표본을 선택하는 것입니다. sub lot의 수가 작은 수입검사, 출하검사, 또는 배치타입의 공정검사에 적용됩니다. 이 검사 방식은 모든 sub lot를 대상으로 표본을 선택하므로 채택되지 않는 sub lot 없이 골고루 표본을 샘플링하게 됩니다. 그러므로 정보를 표현하는 샘플링의 정밀도가 타 샘플링 방법에 비해 더 우수한 결과로 나타납니다. 만약 sub lot의 크기가 다르면 sub lot의 크기에 비례하여 표본의 수를 차등화하여 sub lot별로 샘플링하는 층별 비례 샘플링을 하게 됩니다.

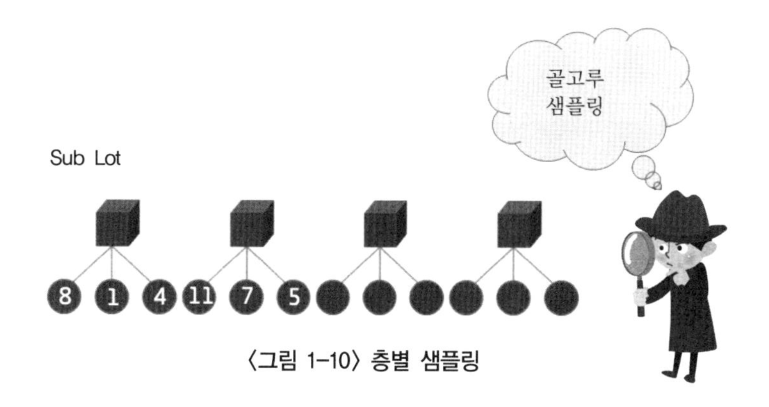

〈그림 1-10〉 층별 샘플링

(4) 2단계 샘플링(two-stage sampling)

모집단을 구성하는 sub lot가 상당히 많을 때(m개) 먼저 랜덤하게 m개의 sub lot를 샘플링하고, 그 m개의 sub lot에서 층별 샘플링하는 방법입니다.

sub lot의 수가 많은 수입검사, 출하검사, 또는 배치타입의 공정검사에 적용할 수 있습니다.

2단계 샘플링을 수행할 때 1차 단위의 sub lot의 수를 너무 적게 하여 표본을 적출하면 sub lot의 상태를 골고루 표현하는 정보를 얻을 수 없으므로 정보의 정밀도가 나빠지게 되니 주의하여야 합니다.

5×3의 이단계 샘플링

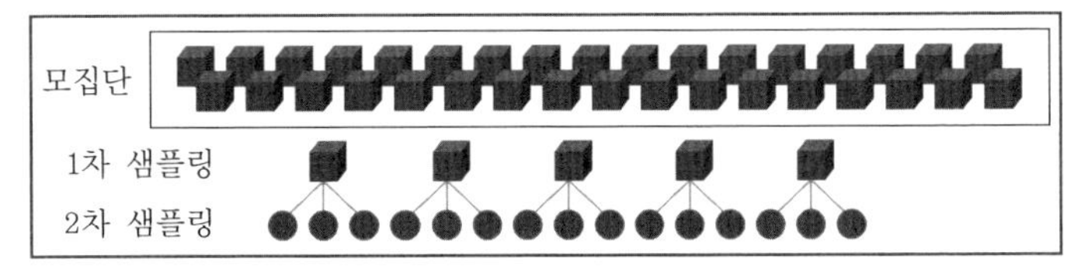

〈그림 1-11〉 2단계 샘플링

(5) 모집단에서 표본을 취하는 이유

로트에서 표본을 취하는 이유는 로트의 상태를 추측하기 위함입니다. 그래서 랜덤 샘플링을 실시합니다. 그렇지만 그것은 물건이지 수치가 아니므로 측정을 하여 수치로 표현해야 합니다. 로트의 품질특성 참값을 '모수'라 하고 표본에서 측정한 결과물을 '통계량'이라 합니다. 그러므로 통계량은 모수를 대변할 수 있는 값이어야 합니다〈그림 1-12〉.

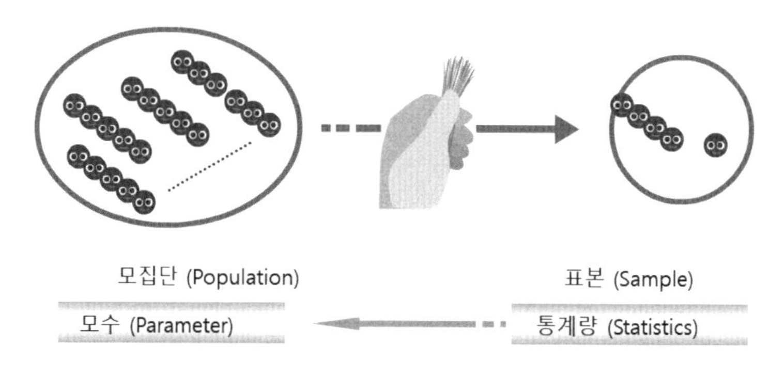

〈그림 1–12〉 통계량은 모수를 표현하는 정보이다.

학습정리

제1장. 데이터라고 모두 정보가 되는 것은 아니다

1) 통계학은 집단을 분석하기 위한 도구이다.
   - 기술통계학: 있는 사실을 사실대로 표현하는 통계학
   - 추측통계학: 정보를 바탕으로 로트의 상태를 규명하는 통계학

2) 데이터가 정보로 성립하기 위한 조건
   - 분석의 목적을 명확하게 한다.
   - 분석의 목적에 맞게 시간적 공간적 층별을 통해 로트를 정한다.
   - 표본을 로트에서 랜덤으로 적출한다.

3) 랜덤 샘플링 방법
   - 단순 랜덤 샘플링: 일반적인 완전 무작위 샘플링 방법
   - 계통 샘플링: 연속 생산에서 효과적인 방법
   - 층별 샘플링: 정지 로트에서 효과적인 방법
   - 2단계 샘플링: 서브 로트가 많을 때 효과적인 방법

PART 2

데이터를 표현하는 방법

2장

데이터를 표현하는 방법

학습내용

- 정보 전달 수단으로서 기대치의 역할을 알고 활용할 수 있다.
- 표본에서 중심위치인 표본평균을 이해하고 엑셀로 구할 수 있다.
- 표본에서 산포의 측도인 표준편차를 이해하고 엑셀로 구할 수 있다.

2.1 데이터를 표현하는 방법

측정된 데이터를 모두 읽어 주면 로트의 상태가 잘 전달될까요? 만약 100개의 데이터를 측정하고 데이터 100개를 모두 읽어서 정보를 전달한다면 듣는 사람의 반응은 어떻게 나타날까요? 데이터를 모두 읽어 주는 것은 로트의 상태를 전달하는 데 전혀 도움이 되지 않습니다.

〈그림 2-1〉 데이터를 전부 읽어서 정보를 전달할 수는 없다.

그래서 모든 측정값 대신 로트를 대표할 수 있는 대표치로 정보를 전달하여야 합니다.

로트를 대표할 수 있는 대표치는 중심위치(central location)입니다. 이를 기댓값(expected value)이라고 합니다〈그림 2-2〉.

기댓값인 모평균(μ)을 나타내는 평균은 표본평균, 중앙값, 최빈수가 있습니다.

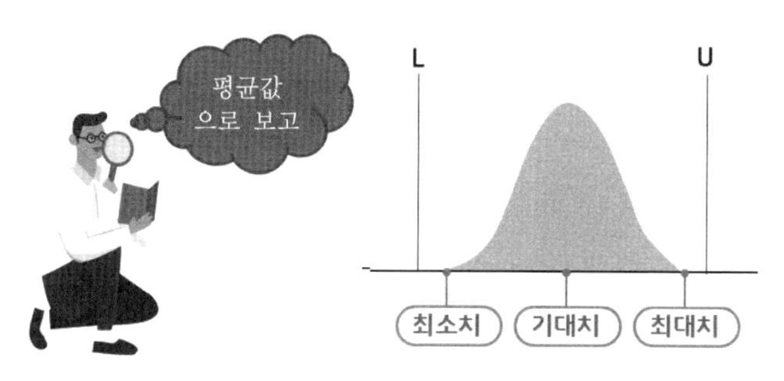

〈그림 2-2〉 중심위치는 집단에서 기대하는 값을 의미한다.

2.2 중심위치(central location)를 표현하는 방법

로트는 중심위치에 따라 규격을 벗어나는 확률이 달라지므로, 로트의 중심위치로 품질수준을 알 수 있습니다. 〈그림 2-3〉을 보면 중심위치에 따라 불량률이 달라짐을 확인할 수 있습니다.

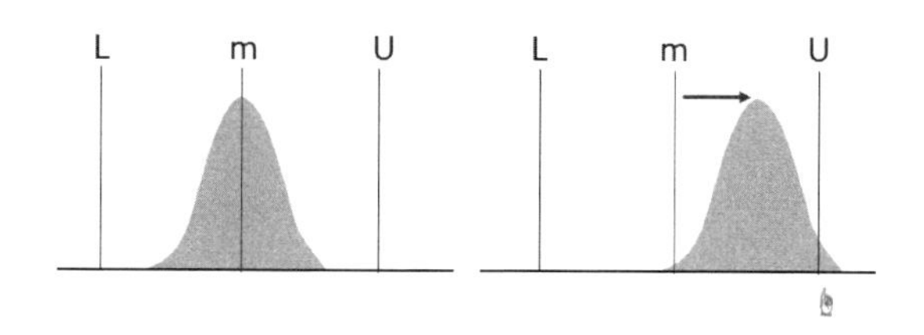

〈그림 2-3〉 중심위치로 품질수준을 알 수 있다.

(1) 표본평균(sample mean: $\bar{x}$)

표본평균은 모평균의 계산방식과 동일한 산술평균에 의한 계산값으로 대표적인 중심위치를 나타내는 통계량입니다. 일반적으로 평균이라 합니다.

〈그림 2-4〉는 다이어트 클럽의 회원 중 10명을 샘플링하여 체중을 측정한 결과입니다. 이 데이터에 대한 표본평균은 측정치의 합 895를 10으로 나누면 89.5가 됩니다.

$$\bar{x} = \frac{65+89+110+108+88+85+79+74+100+97}{10} = 89.5$$

이를 엑셀을 활용하여 구해봅시다.

〈그림 2-4〉 다이어트 클럽 회원들의 몸무게(kg)

① 표본평균을 구하는 함수마법사는 'AVERAGE'입니다.

먼저 데이터를 입력하고 답을 구할 자리를 정한 후 'fx'를 클릭하여 '함수마법사' 대화상자를 엽니다. '범주선택'에 '통계', 함수선택에서 'AVERAGE'를 선택한 후 확인을 클릭합니다. 참고로 함수마법사는 알파벳 순서로 배열되어 있습니다.

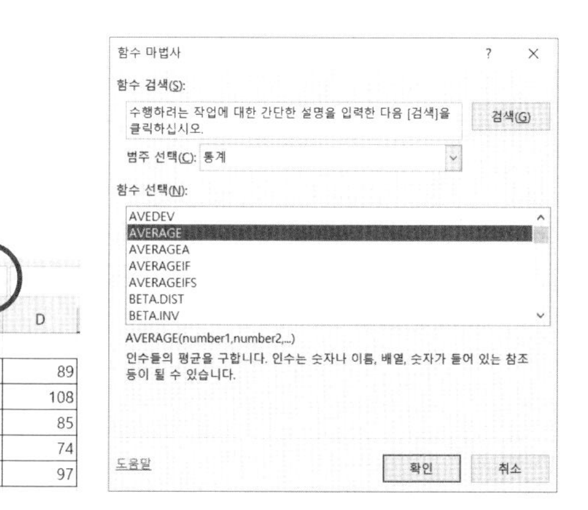

② 함수인수에 데이터를 드래그하여 입력합니다. 산술평균이 89.5로 나타납니다.

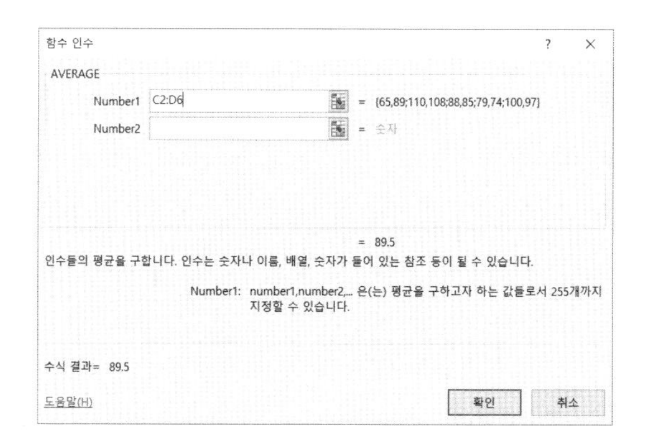

③ 기본적으로 약간의 단어를 알고 있으면 함수마법사를 편하게 구할 수 있습니다.

구하고자 하는 셀에 '=AV' 등의 단어를 입력하면 바로 아래 해당되는 함수마법사가 모두 나타납니다. 해당되는 단어를 더블클릭한 후 함수마법사를 클릭하면 대화상자가 나타납니다. 그 후 함수인수를 드래그하여 입력하면 보다 빨리 구할 수 있습니다.

=av

C	D	E	F	G	H
65	89				
110	108		표본평균	=av	
88	85				
79	74				
100	97				

AVEDEV
AVERAGE
AVERAGEA
AVERAGEIF
AVERAGEIFS

=AVERAGE(C2:D6

C	D	E	F	G	H	I
65	89					
110	108		표본평균	=AVERAGE(C2:D6		
88	85					
79	74					
100	97					

AVERAGE(**number1**, [number2], ...)

(2) 중위수(median: $\tilde{x}$)

중위수는 데이터를 순위로 나타낸 후 데이터가 홀수이면 정 가운데 값으로, 짝수이면 가운데 두수의 평균으로 구합니다.

이 값은 극단적인 값에 영향을 받지 않으므로 집단을 분석할 때 평균치와 함께 비교하면 혹시나 평균치가 극단치에 영향을 받아 치우친 값으로 나타난 것이 아닌지 검토할 수 있습니다.

〈그림 2-5〉 사람들을 체중 순으로 나열한 후의 순서 데이터

〈그림 2-5〉는 짝수이므로 중위수는 다음과 같습니다.

$$\widetilde{X} = \frac{88+89}{2} = 88.5$$

중위수의 함수마법사는 'median'으로 적용방법은 average와 동일합니다.

① 중위수를 구하기로 한 답란을 정한 후 'median' 대화상자를 부릅니다.

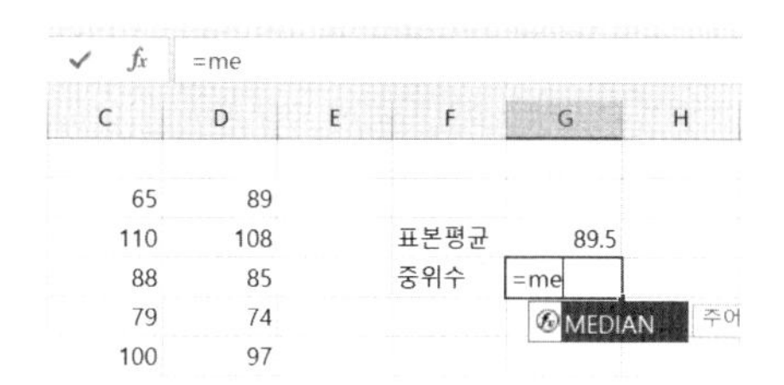

② median 대화상자에 데이터를 연결하면 88.5를 구할 수 있습니다.

함수 인수 ? ×

MEDIAN

Number1 C2:D6 = {65,89;110,108;88,85;79,74;100,97}

Number2 = 숫자

= 88.5

주어진 수들의 중간값을 구합니다.

Number1: number1,number2,... 은(는) 중간값을 구하려는 수로서 255개까지 지정할 수 있습니다.

수식 결과= 88.5

도움말(H) 확인 취소

(3) 최빈수(mode)

최빈수(mode)는 표본의 빈도가 가장 많은 값으로, 히스토그램 등과 같은 분포함수에서는 표본평균과 비교되어 사용합니다. 하지만, 그 외에는 중심위치를 표현하는 측도로 많이 사용되는 통계량은 아닙니다. 왜냐하면 〈그림 2-6〉 예시 데이터처럼 같은 측정치가 없으면 최빈수가 없으며, 최빈수가 2개 이상이 되는 경우도 있기 때문입니다.

예1 11, 11, 12, 13, 13, 13, 13, 14, 15, 16, 16, 17, 17, 17

예2 11, 11, 12, 13, 13, 13, 14, 14, 15, 16, 16, 16, 17, 18

최빈수 = 예1 13, 예2 13, 16

〈그림 2-6〉 최빈수

최빈수의 함수마법사는 'mode'로 적용방법은 'average'와 동일합니다. 함수마법사에서 최빈수 대화상자를 부릅니다. 데이터를 드래그하면 답이 나오지 않습니다. 왜냐하면 10개의 데이터는 모두 달라 최빈수가 없기 때문입니다.

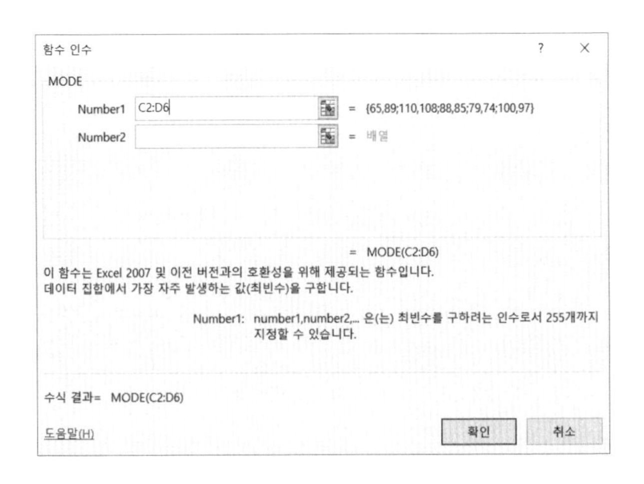

2.3 산포의 크기를 표현하는 방법

(1) 산포의 크기가 중요한 이유

로트의 모습을 표현하는 종모양의 이등변삼각형은 확률 면적을 표현한 것이므로 그 면적은 어떠한 형태로 나타내든지 항상 1입니다. 그러므로 밑변의 길이가 증가하면 규격을 벗어나 불량이 증가하게 되며, 평균치 주위의 데이터 비율이 줄어들게 되어 공정에 머피의 법칙이 잦아집니다. 결론적으로 밑변을 짧게 관리할수록 불량도 줄고 평균 주위에 데이터가 많아져서 바람직한 공정이 됩니다〈그림 2-7〉. 이러한 밑변의 길이를 표현하는 방법은 무엇인지 알아보도록 합시다.

〈그림 2-7〉 평균이 같아도 밑변의 길이에 따라 품질수준은 다르다.

① 평균만으로 집단의 표현이 가능할까요? A팀과 B팀 각각 키의 표본평균은 165cm로 동일합니다. 하지만 두 집단의 모습은 전혀 같지 않죠?

- 집단 A : $\frac{160+170}{2}=165$
- 집단 B : $\frac{195+135}{2}=165$

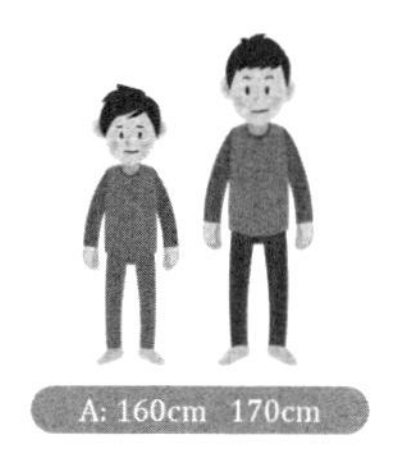

② 각 데이터에서 평균을 뺀 편차($\Sigma(x-165)$)를 합하여 비교하면, 둘 다 0으로 동일합니다. 편차는 음수와 양수가 동일하기 때문에 발생하는 현상입니다.

- 집단 A : $(160-165)+(170-165)=(-5)+(5)=0$
- 집단 B : $(195-165)+(135-165)=(30)+(-30)=0$

③ 이제 편차를 제곱하여 비교합니다. 제곱하여 합하니 우열이 드러났습니다. 집단 A는 50, 집단 B는 1800이므로 비교가 됩니다. 이를 편차 제곱 합(sum of squares)이라 합니다. 엑셀 함수마법사에서는 'DEVSQ'를 활용하면 구할 수 있습니다. 그렇다면 비교가 끝났을까요?

- 집단 A : $(160-165)^2+(170-165)^2=(-5)^2+(5)^2=50$
- 집단 B : $(195-165)^2+(135-165)^2$
  $=(30)^2+(-30)^2=1800$

④ 집단 A가 인원이 2명이 아니고 키가 160인 사람이 100명, 키가 170인 사람이 100명 도합 200명이라고 합니다. 갑자기 집단 A는 5000, 집단 B는 1800이 되어 오히려 편차가 작은 쪽이 더 큰 수로 나타났습니다.

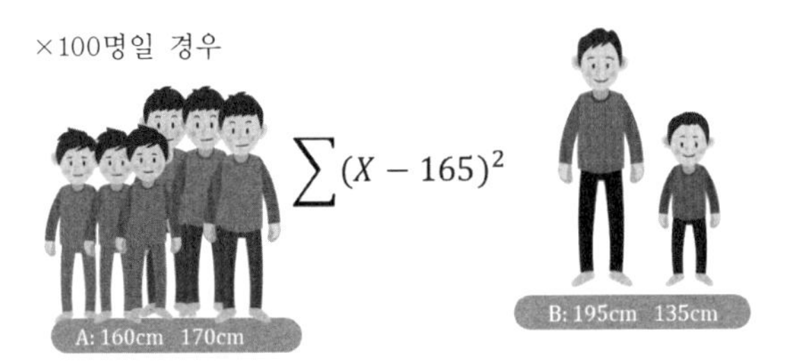

- 집단 A : $(160-165)^2\times100+(170-165)^2\times100$
  $=(-5)^2\times100+(5)^2\times100=5000$
- 집단 B : $(195-165)^2+(135-165)^2$
  $=(30)^2+(-30)^2=1800$

⑤ 그래서 인원으로 나눈 평균값을 사용합니다. 이를 표본분산(sample variance) 또는 평균제곱이라고 합니다. 엑셀 함수마법사에서는 모집단 전체를 구하여 계산한 경우 꼬리글자가 모집단 'population'을 뜻하는 'VAR.P'를 사용하고, 표본을 사용한 경우 꼬리 글자가 표본 'sample'을 뜻하는 'VAR.S'를 사용합니다. 이 데이터가 표본이라면 당연히 'VAR.S'를 적용해야 합니다. 이제 다시 공평한 비교가 되었습니다. 하지만 값의 차이가 너무 큽니다. 현재의 계산치가 제곱이기 때문입니다.

- 집단 A : $\frac{(160-165)^2 \times 100 + (170-165)^2 \times 100}{200}$

$$= \frac{(-5)^2 \times 100 + (5)^2 \times 100}{200} = 25$$

- 집단 B : $\frac{(195-165)^2 + (135-165)^2}{2}$

$$= \frac{(30)^2 + (-30)^2}{2} = 900$$

⑥ 그래서 표본분산의 제곱근으로 구한 표본표준편차(sample standard deviation: s)를 활용합니다. 이제 명확하게 두 집단의 차이가 확인되었습니다. 표준편차는 두 집단의 밑변의 차이를 나타냅니다. '평균에서 떨어진 거리의 평균'을 나타내는 것입니다. 엑셀 함수마법사에서는 모집단 전체를 구하여 계산한 경우 꼬리글자가 모집단을 뜻하는 'STDEV.P'를 사용하고, 표본을 구하여 계산한 경우 꼬리글자가 표본을 뜻하는 'STDEV.S'를 사용합니다. 이 데이터가 표본이라면 당연히 'STDEV.S'를 적용해야 합니다.

• 집단 A : $\sqrt{\frac{(160-165)^2 \times 100 + (170-165)^2 \times 100}{200}}$

$$= \sqrt{\frac{(-5)^2 \times 100 + (5)^2 \times 100}{200}} = 5$$

• 집단 B : $\sqrt{\frac{(195-165)^2 + (135-165)^2}{2}}$

$$= \sqrt{\frac{(30)^2 + (-30)^2}{2}} = 30$$

(2) 함수마법사를 활용한 산포의 크기 측정

① 편차 제곱 합

편차 제곱 합은 'DEVSQ'를 적용하며, 적용방법은 AVERAGE와 동일합니다. 1902.5가 구해졌습니다.

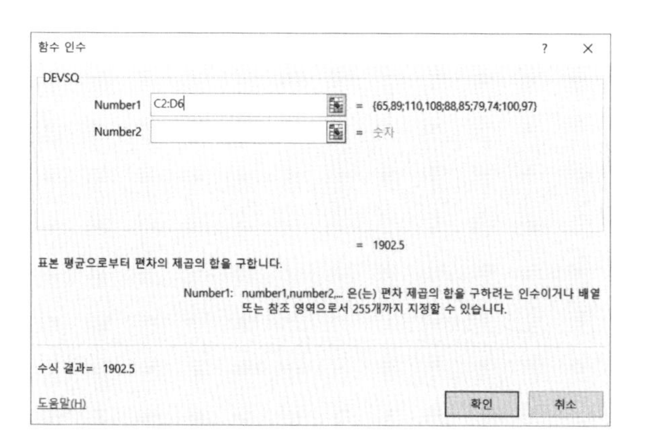

② 표본분산(평균제곱)

표본분산은 'VAR.S'를 적용하며, 적용방법은 AVERAGE와 동일합니다. 211.38이 구해졌습니다.

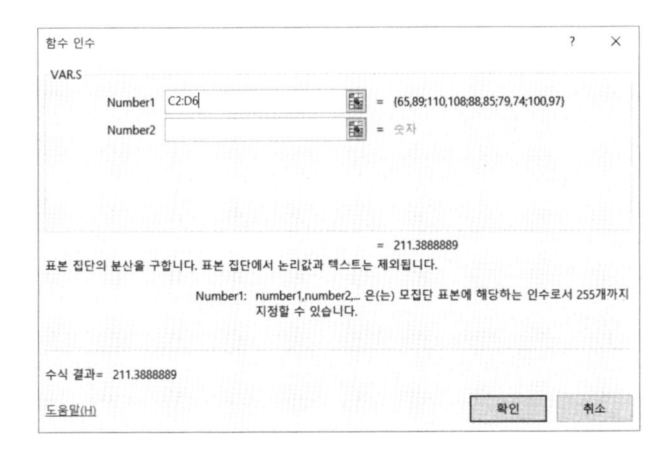

③ 표본표준편차

표본표준편차는 'STDEV.S'를 적용하며, 적용방법은 AVERAGE와 동일합니다. 14.54가 구해졌습니다.

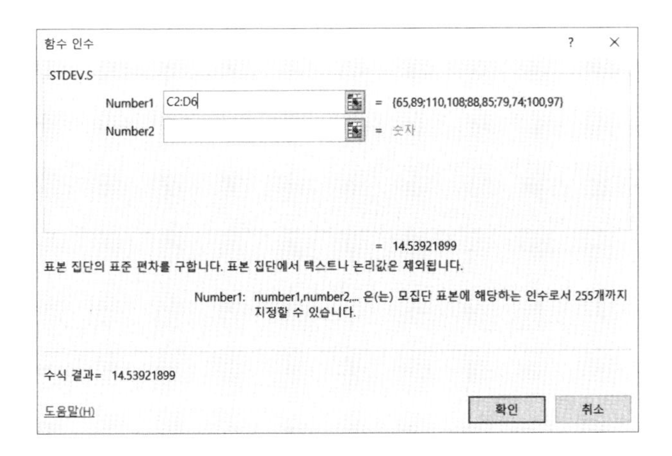

학습정리

제2장. 데이터를 표현하는 방법

1) 대표치는 기대치로 중심위치를 의미한다. 이를 통해 품질수준을 이해할 수 있다.

2) 모평균 μ를 추정하는 통계량은 다음과 같다.

① 표본평균

표본의 산술평균으로 로트의 추정치로 사용한다. 함수마법사는 AVERAGE이다.

② 중위수

표본의 가운데 값으로 이상치의 영향이 작다. 함수마법사는 MEDIAN이다.

③ 최빈수

표본의 빈도가 가장 많은 값으로 함수마법사는 MODE이다.

3) 표준편차는 로트의 밑변의 길이를 나타내며, 밑변이 짧을수록 로트의 품질은 우수해지므로 이의 측정과 개선 및 관리 역시 매우 중요하다.

① 모표준편차는 STDEV.P, 표본표준편차는 STDEV.S로 구한다.

② 모분산은 VAR.P, 표본분산은 VAR.S로 구한다.

③ 편차 제곱 합은 DEVSQ로 구한다.

PART 3

계량형 데이터는 정규분포로 통한다

3장

계량형 데이터는 정규분포로 통한다

학습내용

- 모집단의 확률분포가 정규분포를 따르는 이유를 설명할 수 있다.
- 표준정규분포의 수표를 활용하여 공정불량률을 측정할 수 있다
- 액셀 함수마법사를 활용하여 공정불량률을 측정할 수 있다.

3.1 계량형 데이터는 정규분포를 따른다.

(1) 정규분포란 무엇일까?

영불전쟁에 참여한 의사들은 임상 정보를 구하기 위해 사망자에 대해 신체의 여러 곳을 측정하여 기록하였습니다. 이를 토대로 신체 부위별로 그래프를 그려보니 기록된 데이터의 분포가 동일한 것을 발견하게 되었습니다.

신체 부위는 달라도 각각의 평균치에 대해 대다수 데이터는 근접하였으며, 멀어질수록 측정치의 빈도수는 점점 작아졌습니다. 또한 평균치와 산포는 다르지만 그래프의 모양은 좌우대칭 구조로 나타났습니다. 이 그림을 정규분포(normal distribution)라 합니다〈그림 3-1〉.

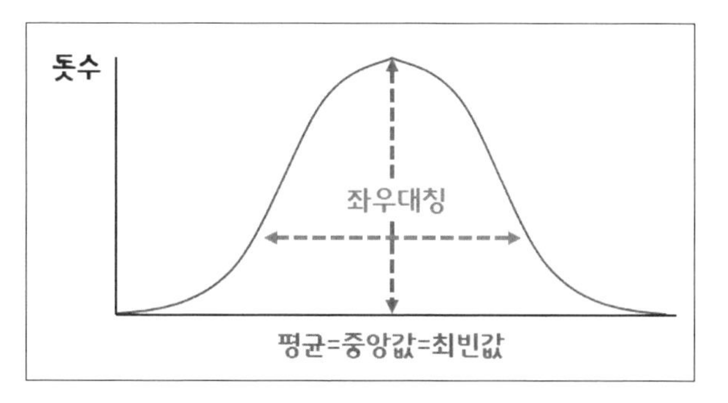

〈그림 3-1〉 정규분포

(2) 정규분포가 만들어지는 과정의 simulation

3명의 사격 대상자를 선정하여 25m거리에서 각각 50발의 공기권총을 과녁에 조준사격 한다고 가정해보겠습니다. 다만 점수의 집계 방식은 과녁의 중앙을 10점으로 하되 중심선을 그어 좌우대칭으로 점수를 집계합니다. 즉 6, 7, 8, 9, 10, 9, 8, 7, 6으로 점수를 집계합니다.

등장인물

1. 공기 권총 사격의 달인 ☞ 공기권총 10m, 50m 세계신기록 보유자, 올림픽 금메달리스트
2. 경찰대 25기 김 경위 ☞ 경찰대 25기 중 사격 1위의 실력자
3. 우연히 캐스팅된 26세 임 양 ☞ 사격장에 놀러간 적이 있음

사격 결과가 나왔습니다. 3명의 성적을 도수분포표로 나타낸 것입니다. 밑변의 점수는 과녁의 점수 순으로 하여 맞은 개수를 막대 그래프로 나타낸 것입니다.

①

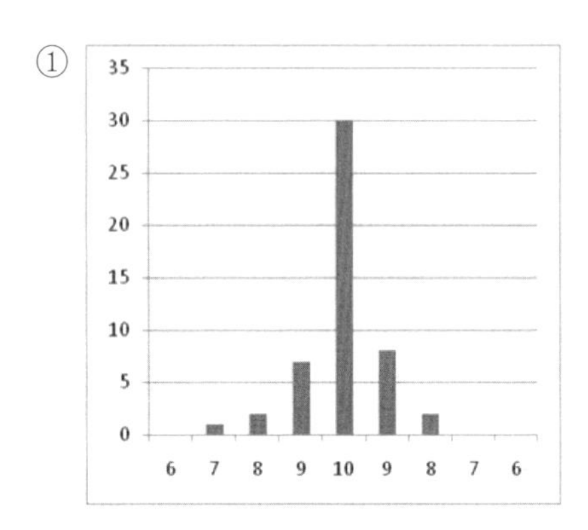

②

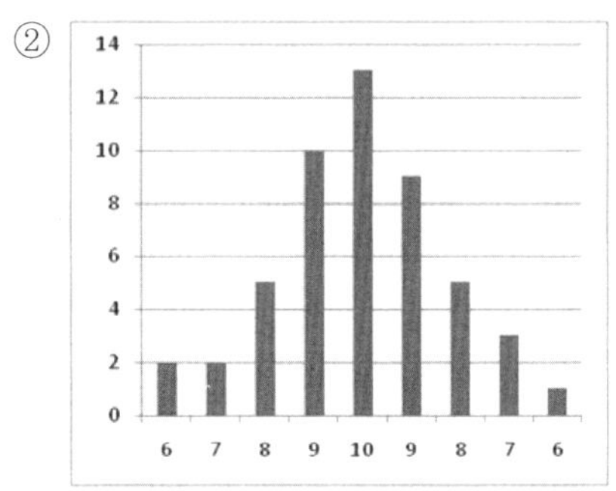

③

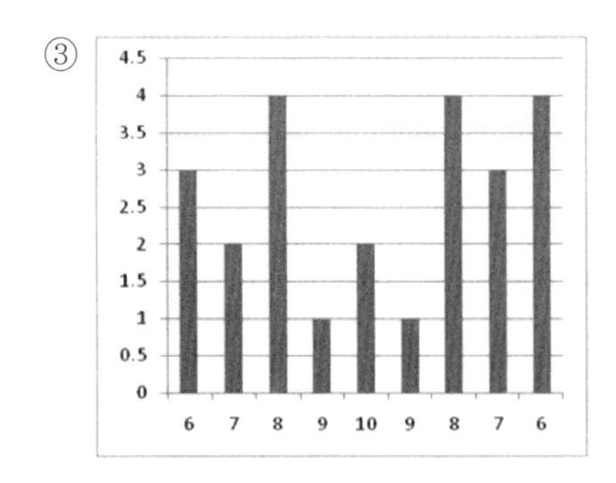

그럼 임 양의 결과부터 봅시다. 이 선수는 사격 초보입니다. 정해진 규칙을 모르고 사격하면 정규분포를 따르지 않습니다. 왜냐하면 사격 시의 자세나 행동이 공통점이 없기 때문입니다.

생산 현장도 같습니다. 아직 표준화되지 않고 시제품 생산 단계의 생산 결과는 정규분포 형태가 나오지 않습니다. 생산 현장이 표준화되어 그에 의거한 작업이 실시되는 양산 단계의 생산 결과는 정규분포를 따릅니다.

반면 김 경위와 사격 달인의 사격 결과는 둘 다 정규분포로 나타나고 있습니다. 그런데 사격 달인의 정규분포가 김 경위보다 훨씬 날씬한 정규분포입니다.

김 경위는 왜 사격 달인보다 점수가 나쁠까요? 두 사람의 성적 차이는 실력 차이입니다. 즉 제조업으로 비교하자면 설계품질부터 차이가 납니다. 역시 품질은 설계품질 즉 기술의 표준화 및 실현 능력과 밀접한 관계가 있습니다. 이 차이를 공정능력의 차이라고 합니다. 이는 5장에서 학습하게 됩니다.

그럼 김 경위와 사격 달인의 사격 결과는 정중앙을 중심으로 사방으로 좌우대칭의 결과가 나타납니다. 두 사람의 사격 결과는 어떻게 정규분포로 나타났을까요?

이는 정중앙을 목표로 사격을 하였으므로 나타나는 당연한 현상입니다. 그리고 총, 총알 등의 변동 요인을 일정하게 하여 관리되고 있기 때문입니다. 변동 요인은 다음과 같습니다.

① **측정**: 정중앙을 겨냥하여 사격하였다.

② **설비**: 0점 조정을 한 총이다.

③ **표준**: 규칙을 준수하였다.

④ **사람**: 꾸준히 연습 중이다.

⑤ **자재**: 자재(총알)가 정품이다.

⑥ **환경**: 천재지변이 없었다.

(3) 제조현장의 생산 결과가 정규분포를 보이는 이유

제조활동에 산포가 발생하는 이유는 사람(man), 자재(material), 설비(machine), 방법(method), 측정(measurement) 그리고 관리하지 않는 나머지 인자의 변동 및 환경의 변화(environment) 때문에 산포가 발생합니다. 이들을 지칭하여 5M1E라고 합니다〈그림 3-2〉.

이들 5M1E가 주어진 표준적 범위 내에서 무작위로 변화되므로 일정한 형태인 정규분포로 나타나게 됩니다.

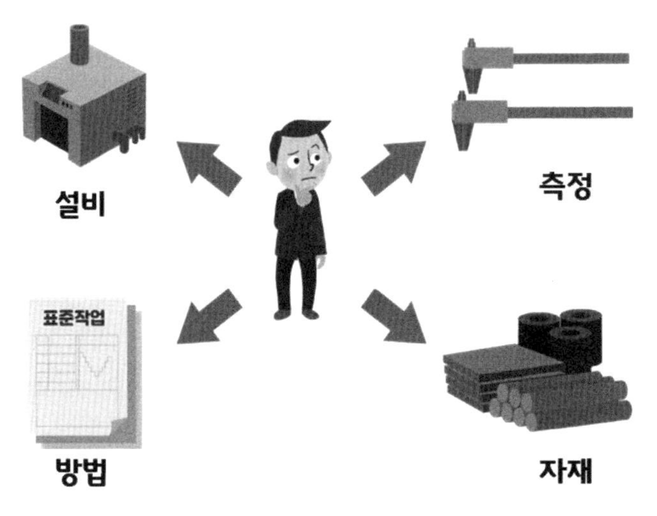

〈그림 3-2〉 정규분포의 품질수준 발생원인 5M1E

정규분포는 어떠한 규칙 하에서 발생되는 확률을 나타낸 것으로, 어떤 제품의 품질특성에 대해 무한히 측정해 나가면 일정한 패턴으로 나타납니다. 〈그림 3-3〉은 가위, 바위, 보를 100번 연속했을 때 승리하는 확률을 막대그래프로 나타낸 것입니다. 확률적 기대치는 $\frac{1}{3}$로 대칭적으로 나올 것 같지 않지만 실제로는 승리할 기대치인 평균 33회를 중심으로 좌우 대칭으로 나타납니다.

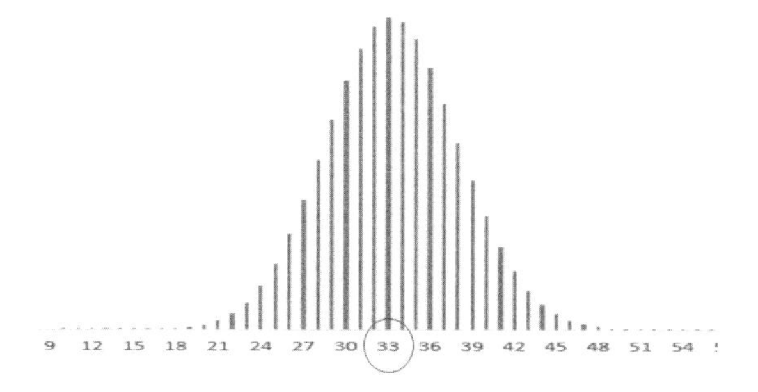

〈그림 3-3〉 100번 가위 · 바위 · 보를 할 때 이기는 횟수에 대한 발생 확률

결론적으로 정규분포는 어떠한 품질특성에 대해 표준적 조건이 형성되면 일반적으로 발생하는 분포입니다. 그러므로 양산 단계에서 모든 공정의 품질특성은 모두 각각의 정규분포를 따릅니다.

3.2 정규분포의 확률 측정

공정은 정규분포를 따르는 정형화된 형태이므로 공정의 불량률 추정은 $-\infty$에서부터 규격한계까지 확률밀도함수에 대해 적분을 하여 구합니다. 하지만 계산이 쉽지 않으므로 쉽게 계산할 수 있는 방법을 찾아야겠습니다.

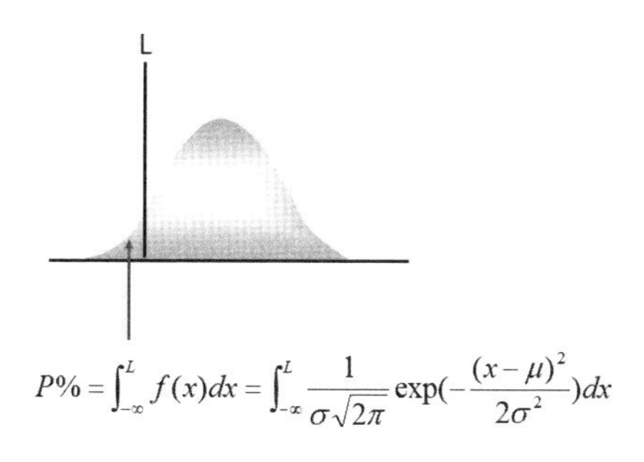

$$P\% = \int_{-\infty}^{L} f(x)dx = \int_{-\infty}^{L} \frac{1}{\sigma\sqrt{2\pi}} \exp(-\frac{(x-\mu)^2}{2\sigma^2})dx$$

〈그림 3-4〉 정규분포의 확률 계산 방법

모든 데이터는 평균(μ)을 중심으로 어떤 확률적 특성을 가지고 떨어져 있습니다. 그러므로 어떤 값(X)들은 '$X=\mu+k\sigma$'로 표현할 수 있습니다. 어떠한 값(X)에서 평균을 빼고($X-\mu$), 표준편차로 나누면($\frac{X-\mu}{\sigma}=\frac{(\mu+k\sigma)-\mu}{\sigma}$) 상수 $\frac{X-\mu}{\sigma}=k$가 나옵니다. 이 값을 Z값이라 합니다.

〈그림 3-5〉 확률분포의 확률 계산을 위한 Z값의 환산과정

예를 들어 적용해 봅시다. 칼라 TV용 A부품의 가장자리 두께가 μ=50mm, σ=2mm인 정규분포를 따를 때 하한규격 L=46mm라면, 불량률은 약 얼마일까요?

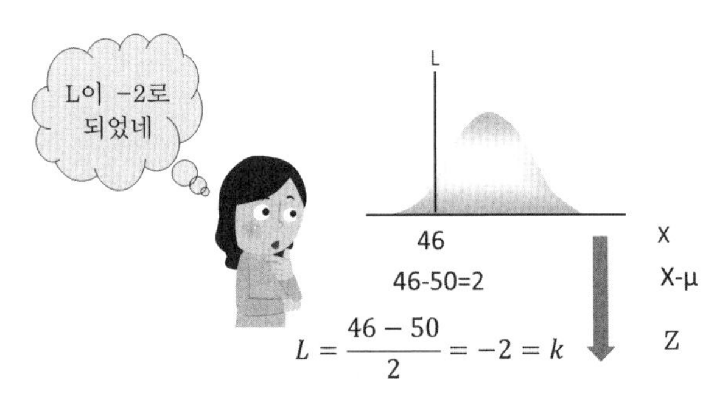

〈그림 3-6〉 규격하한의 Z 변환 값

하한규격을 벗어나는 불량률은 $Z=\dfrac{L-\mu}{\sigma}=\dfrac{46-50}{2}=-2$이므로 이 값을 다음 정규분포 수표로 활용합니다. 하측 값이 Z값이며 좌우대칭이므로 이 값을 따라 〈그림 3-7〉 표준정규분포 수표의 값을 읽으면 확률을 구할 수 있습니다. 2.0은 0.0228이네요.

표준정규분포표

(z→ Pr 구하는 표)

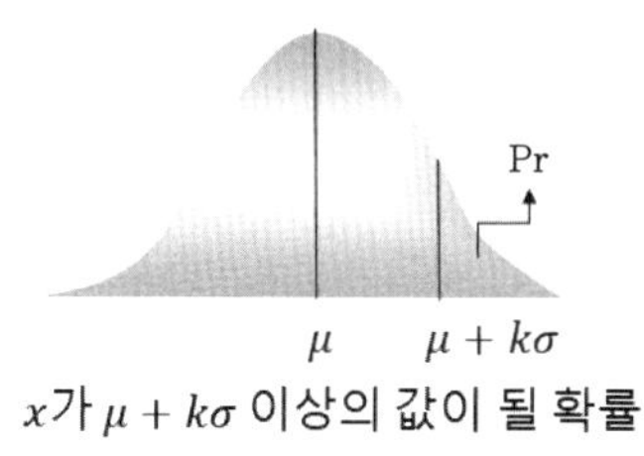

x가 $\mu+k\sigma$ 이상의 값이 될 확률

	0.00	0.01	0.02	0.03	0.04	0.05	0.06	0.07	0.08	0.09
0.0	0.5000	0.4960	0.4920	0.4880	0.4840	0.4801	0.4761	0.4721	0.4681	0.4641
0.1	0.4602	0.4562	0.4522	0.4483	0.4443	0.4404	0.4364	0.4325	0.4286	0.4247
0.2	0.4207	0.4168	0.4129	0.4090	0.4052	0.4013	0.3974	0.3936	0.3897	0.3859
0.3	0.3821	0.3783	0.3745	0.3707	0.3669	0.3632	0.3594	0.3557	0.3520	0.3483
0.4	0.3446	0.3409	0.3372	0.3336	0.3300	0.3264	0.3228	0.3192	0.3156	0.3121
0.5	0.3085	0.3050	0.3015	0.2981	0.2946	0.2912	0.2877	0.2843	0.2810	0.2776
0.6	0.2743	0.2709	0.2676	0.2643	0.2611	0.2578	0.2546	0.2514	0.2483	0.2451
0.7	0.2420	0.2389	0.2358	0.2327	0.2296	0.2266	0.2236	0.2206	0.2177	0.2148
0.8	0.2119	0.2090	0.2061	0.2033	0.2005	0.1977	0.1949	0.1922	0.1894	0.1867
0.9	0.1841	0.1814	0.1788	0.1762	0.1736	0.1711	0.1685	0.1660	0.1635	0.1611
1.0	0.1587	0.1562	0.1539	0.1515	0.1492	0.1469	0.1446	0.1423	0.1401	0.1379
1.1	0.1357	0.1335	0.1314	0.1292	0.1271	0.1251	0.1230	0.1210	0.1190	0.1170
1.2	0.1151	0.1131	0.1112	0.1093	0.1075	0.1056	0.1038	0.1020	0.1003	0.0985
1.3	0.0968	0.0951	0.0934	0.0918	0.0901	0.0885	0.0869	0.0853	0.0838	0.0823
1.4	0.0808	0.0793	0.0778	0.0764	0.0749	0.0735	0.0721	0.0708	0.0694	0.0681
1.5	0.0668	0.0655	0.0643	0.0630	0.0618	0.0606	0.0594	0.0582	0.0571	0.0559
1.6	0.0548	0.0537	0.0526	0.0516	0.0505	0.0495	0.0485	0.0475	0.0465	0.0455
1.7	0.0446	0.0436	0.0427	0.0418	0.0409	0.0401	0.0392	0.0384	0.0375	0.0367
1.8	0.0359	0.0351	0.0344	0.0336	0.0329	0.0322	0.0314	0.0307	0.0301	0.0294
1.9	0.0287	0.0281	0.0274	0.0268	0.0262	0.0256	0.0250	0.0244	0.0239	0.0233
2.0	0.0228	0.0222	0.0217	0.0212	0.0207	0.0202	0.0197	0.0192	0.0188	0.0183
2.1	0.0179	0.0174	0.0170	0.0166	0.0162	0.0158	0.0154	0.0150	0.0146	0.0143
2.2	0.0139	0.0136	0.0132	0.0129	0.0125	0.0122	0.0119	0.0116	0.0113	0.0110
2.3	0.0107	0.0104	0.0102	0.0099	0.0096	0.0094	0.0091	0.0089	0.0087	0.0084
2.4	0.0082	0.0080	0.0078	0.0075	0.0073	0.0071	0.0069	0.0068	0.0066	0.0064
2.5	0.0062	0.0060	0.0059	0.0057	0.0055	0.0054	0.0052	0.0051	0.0049	0.0048
2.6	0.0047	0.0045	0.0044	0.0043	0.0041	0.0040	0.0039	0.0038	0.0037	0.0036
2.7	0.0035	0.0034	0.0033	0.0032	0.0031	0.0030	0.0029	0.0028	0.0027	0.0026
2.8	0.0026	0.0025	0.0024	0.0023	0.0023	0.0022	0.0021	0.0021	0.0020	0.0019
2.9	0.0019	0.0018	0.0018	0.0017	0.0016	0.0016	0.0015	0.0015	0.0014	0.0014
3.0	0.0013	0.0013	0.0013	0.0012	0.0012	0.0011	0.0011	0.0011	0.0010	0.0010

〈그림 3-7〉 표준정규분포 수표

3.3 함수마법사 활용 정규분포의 확률 측정

먼저 정규분포의 표현을 알아봅시다. 정규분포는 너무 어려우므로 간략한 표현으로 정규분포의 영문 첫 글자인 N과 모평균을 뜻하는 희랍어 μ, 모분산을 뜻하는 σ^2을 조합하여 다음과 같이 표기합니다.

$$N \sim (\mu, \sigma^2)$$

본격적으로 엑셀 함수마법사를 사용하여 문제를 풀어보겠습니다.

칼라 TV용 A부품의 가장자리 두께가 μ=50mm, σ=2mm인 정규분포를 따를 때 U=52mm, L=46mm라면, 불량률은 약 얼마일까요? 먼저 이 문제의 모집단은 이렇게 정의할 수 있습니다.

$$N \sim (50, 2^2)$$

정규분포의 불량률 계산 함수마법사는 normal에서의 NORM, Distribution에서 DIST를 정하여 꼬리에 붙인 NORM.DIST입니다. 2장에서 학습한 방법으로 함수마법사 NORM.DIST를 불러 봅시다. 그리고 확률변수에 규격하한, 모평균, 모표준편차를 입력한 후 누적을 뜻하는 1을 입력하면, 규격하한을 벗어나는 불량률을 구할 수 있습니다.

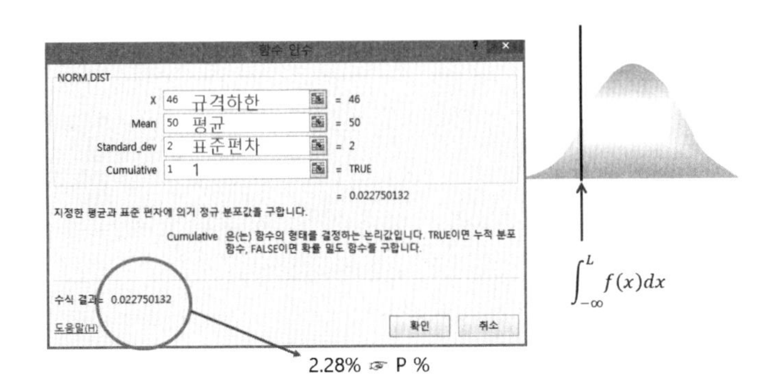

규격상한을 벗어나는 불량률을 구할 경우에는 구하고자 하는 셀에 '=1-'를 먼저 입력한 후 'fx'를 선택하셔야 합니다. '=1-'를 입력하지 않으면 합격 확률이 나오기 때문입니다. 그 다음은 동일하게 NORM. DIST를 선택하여 확률변수에 규격상한, 모평균, 모표준편차, 1을 입력하여 구합니다.

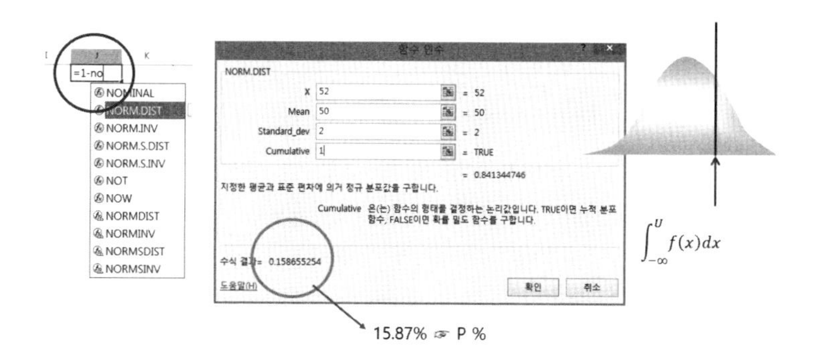

3.4 불량률 계산 종합 실습

길동이가 관리하는 공정에서 제품길이의 규격은 150~160입니다. 다음은 검사성적서를 작성하기 위해 10개의 표본을 랜덤 샘플링하여 측정한 결과입니다. 이 자료를 바탕으로 불량률을 구해 보겠습니다.

153.2	150.8	154.6	157.2	157.0
158.3	148.5	153.4	156.7	151.3

① 평균을 'AVERAGE'로 구합니다.

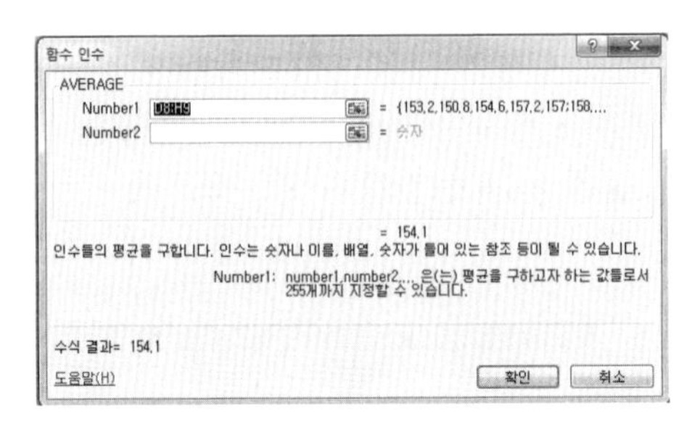

② 표준편차를 'STDEV.S'로 구합니다.

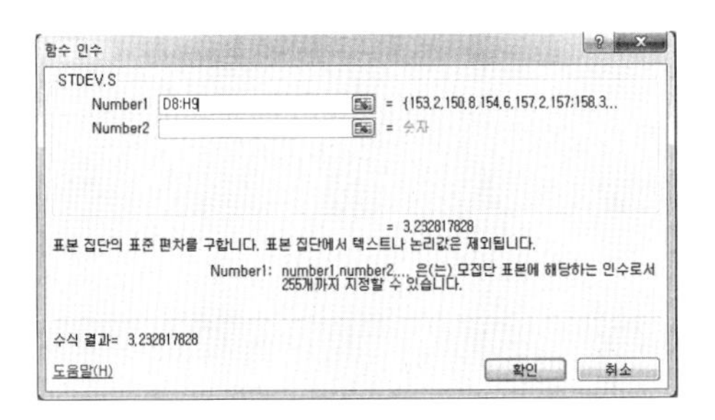

③ 하한규격을 벗어나는 불량률을 'NORM.DIST'로 구합니다. 10.2%입니다.

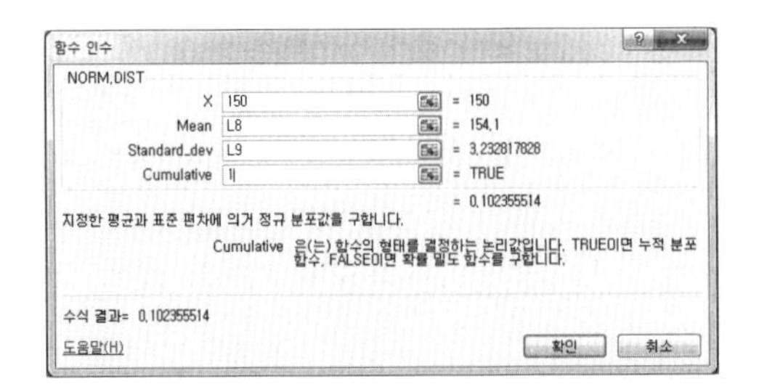

④ 상한규격을 벗어나는 불량률을 '=1-NORM.DIST'로 구합니다. 3.4%입니다.

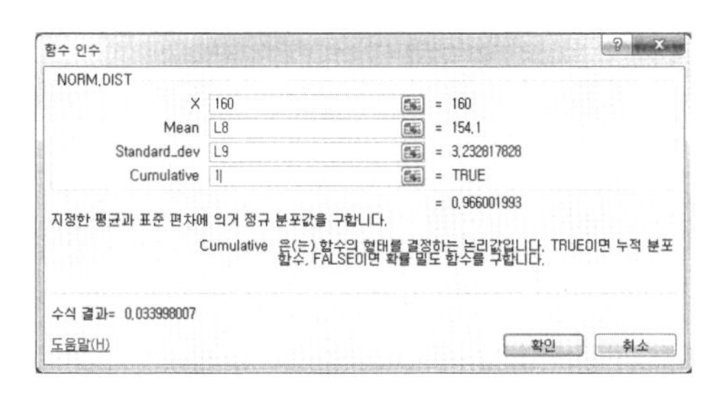

⑤ 하한규격과 상한규격을 벗어나는 불량률을 계산한 결과 13.6%로 나타났습니다.

평균	154.1
표준편차	3.233
하한불량률	10.2%
상한불량률	3.4%
불량률	13.6%

학습정리

제3장. 계량형 품질특성은 정규분포로 통한다

1) 정규분포는 확률을 표현한 그림으로 평균치를 중심으로 평균 주위에 많으며 평균에서 멀어질수록 작아진다. 분포의 모습은 종모양의 좌우 대칭인 이등변삼각형 형태이다.

2) 정규분포의 계산은 적분을 활용하여 구하나 계산이 어려우므로 표준정규분포로 치환하여 수표를 통해 구한다.

$$Z = \frac{X-\mu}{\sigma}$$

3) 정규분포 함수마법사를 활용하여 확률을 쉽게 구할 수 있다.
   ① 규격하한을 벗어나는 경우: NORM.DIST(L, μ, σ, 1)
   ② 규격상한을 벗어나는 경우: 1-NORM.DIST(U, μ, σ, 1)

PART 4

통계량 표현하기 사례연구

4장

통계량 표현하기 사례연구

학습내용

- 함수마법사로 데이터에 대해 분석업무를 수행할 수 있다.
- 주어진 데이터에 대해 히스토그램을 작성하고 공정의 상태를 분석할 수 있다.
- 주어진 데이터에 대해 상자수염그림을 작성하고 공정의 상태를 분석할 수 있다.

4.1 함수마법사로 품질수준을 분석하자!

(1) 확률분포는 측정의 navigation

측정할 수 없는 것은 개선할 수 없습니다. 왜냐하면 어떤 품질을 측정하지 못한다는 것은 문제가 얼마나 되는지 표현할 수 없다는 뜻이며, 표현되지 않은 품질문제는 아무도 관심을 가지지 않기 때문입니다. 그러므로 측정할 수 없다는 것은 곧 그것을 모른다는 말과 같습니다. 확률분포는 프로세스를 효과적으로 측정하도록 이끌어주는 측정의 navigation입니다.

(2) 품질수준 분석하기

다음은 어떤 포장설비의 포장 중량에 대한 3일간의 측정데이터입니다. 포장 중량의 규격한계는 7.0~15.0입니다. 측정한 데이터를 활용하여 불량률을 구하고 개선점이 무엇인지를 조사해 보기로 하겠습니다.

10.5	9.6	10.4	10.2	12.9	11.4	13.0	10.7	10.9	9.6
10.4	12.6	9.5	6.2	10.0	9.1	8.7	8.1	10.8	10.2
10.0	9.4	8.7	10.3	9.6	8.2	12.2	11.0	10.2	11.0
10.8	10.3	12.2	6.1	10.1	11.8	8.5	10.1	10.7	10.5
9.7	11.5	9.5	8.4	10.0	11.6	8.1	12.3	5.3	12.0
11.6	10.5	8.1	10.9	12.2	9.1	9.2	9.7	10.3	10.6
8.2	10.3	10.4	10.8	8.9	10.3	10.1	12.0	9.7	10.0
13.6	9.8	9.0	10.0	11.4	8.3	8.8	8.4	8.5	13.1
9.1	9.8	9.8	9.9	9.0	8.4	10.3	8.0	9.3	8.4
6.6	9.5	11.1	9.5	14.6	8.8	10.5	8.5	11.2	9.3

① 먼저 확률분포에서 중심위치를 측정합니다. 표본평균과 중위수를 구합니다. 평균과 중위수가 일치하면 〈그림 4-1〉처럼 정규분포의 모습입니다.

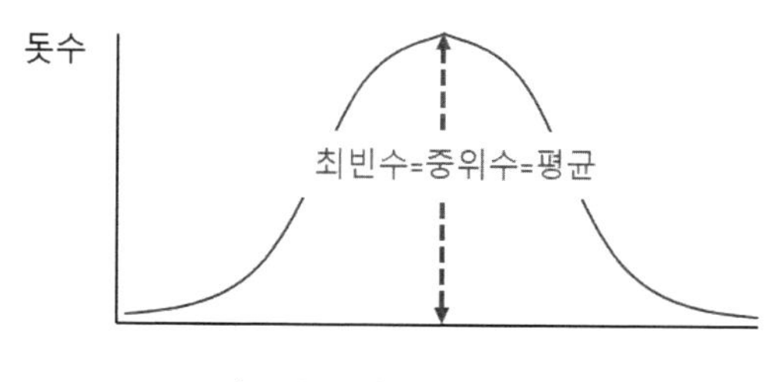

〈그림 4-1〉 정규모형

평균과 중위수가 일치하지 않으면 〈그림 4-2〉처럼 비정규분포라는 뜻이며 공정에 무엇인가 문제가 있다는 뜻입니다.

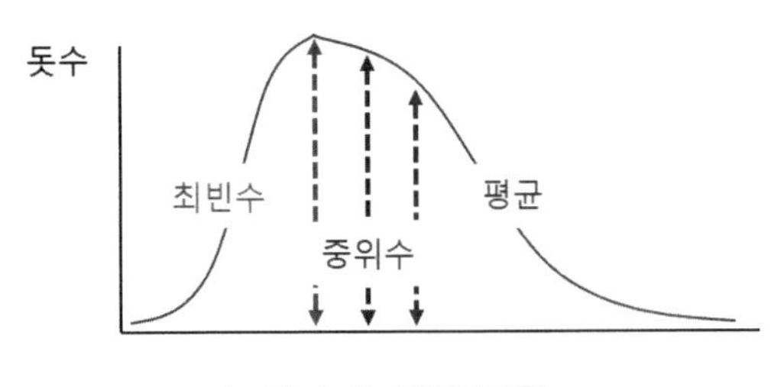

〈그림 4-2〉 비정규모형

포장 중량 데이터에 대해 중심위치를 나타내는 산술평균과 중앙값을 조사합니다.

평균치는 함수마법사 AVERAGE로 구합니다. 10.003입니다.

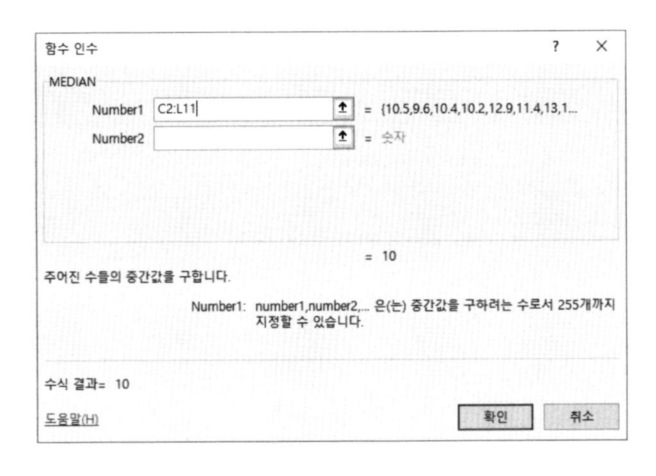

중앙값은 함수마법사 MEDIAN으로 구합니다. 10입니다.

현 상태에서 최빈수는 의미가 없으니 평균과 중앙값만 구하면 됩니다. 두 값은 큰 차이가 없으므로 이상치의 영향은 없다는 뜻입니다. 중심위치는 대략 10입니다.

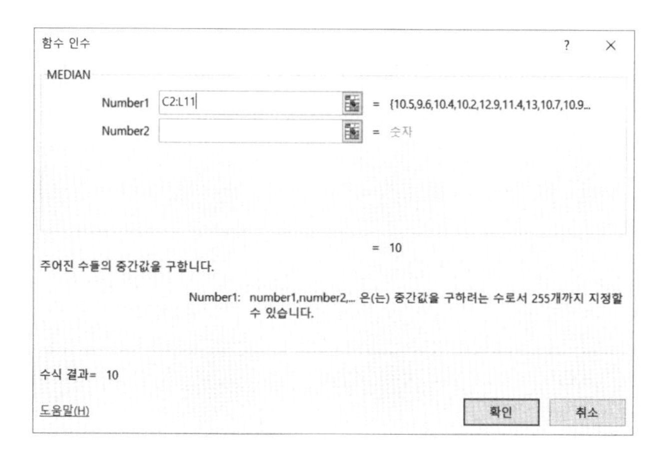

② 평균이 좋아도 산포가 좋지 않으면 좋은 품질이 될 수 없습니다. 확률의 면적은 언제나 1이므로 산포가 크면 평균 주위의 기대하는 값이 잘 나오지 않습니다. 확률분포에서 산포의 크기를 측정합니다.

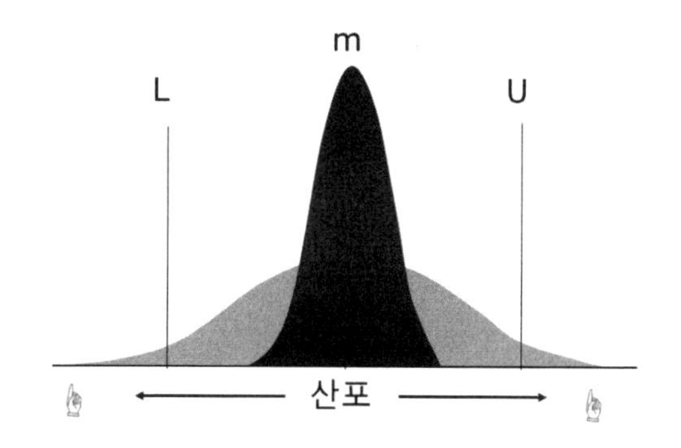

〈그림 4-3〉 산포가 품질에 미치는 영향

포장 중량 데이터의 대해 산포를 나타내는 표본분산 및 표본표준편차를 구합니다. 단, 이 데이터는 표본의 데이터이므로 함수의 꼬리에 .P가 아닌 .S를 사용합니다.

분산은 함수마법사 VAR.S로 2.446입니다.

함수 인수 ? ×

VAR.S

Number1 C2:L11 = {10.5,9.6,10.4,10.2,12.9,11.4,13,10.7,10.9...

Number2 = 숫자

= 2.446354545

표본 집단의 분산을 구합니다. 표본 집단에서 논리값과 텍스트는 제외됩니다.

Number1: number1,number2,... 은(는) 모집단 표본에 해당하는 인수로서 255개까지 지정할 수 있습니다.

수식 결과= 2.446354545

도움말(H) 확인 취소

표준편차는 함수마법사 STDEV.S로 1.5641입니다.

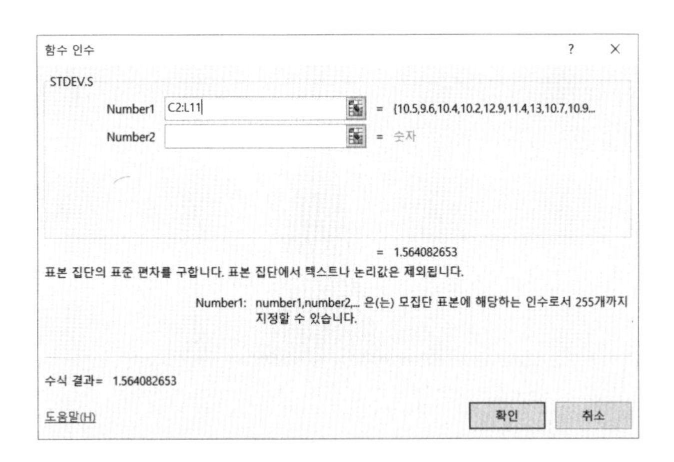

③ 표본표준편차와 함께 범위를 구해보도록 하겠습니다. 범위는 함수마법사에 없으므로 최대(MAX) 및 최소(MIN) 통계량으로 구합니다. 최대치는 함수마법사 MAX로 14.6입니다.

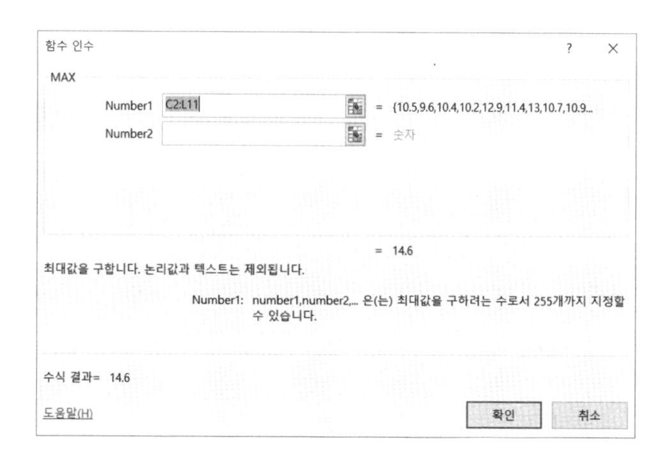

최소치는 함수마법사 MIN로 5.3입니다.

그러므로 데이터의 범위 Range=14.6−5.3=9.3입니다.

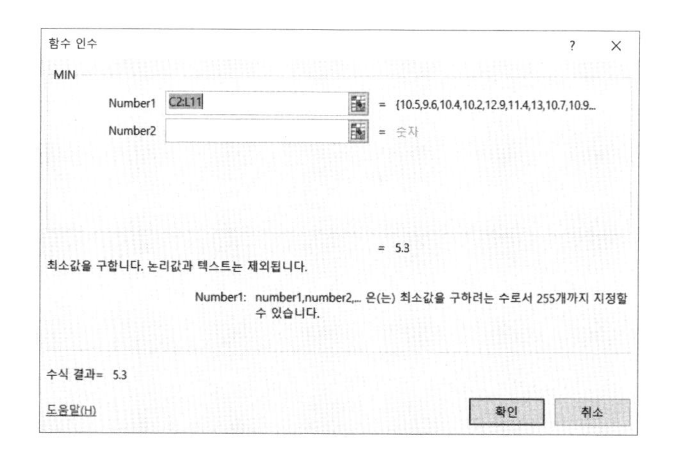

④ 포장 중량 데이터는 중앙값과 평균이 유사하므로 정규분포를 따른다고 볼 수 있습니다. 평균과 표준편차가 계산되었으므로 NORM.DIST로 불량률을 구할 수 있습니다. 규격하한을 벗어나는 불량률은 규격하한 7.0, 표본평균 10.003, 표본표준편차 1.5641 및 1을 입력하면 2.743%입니다.

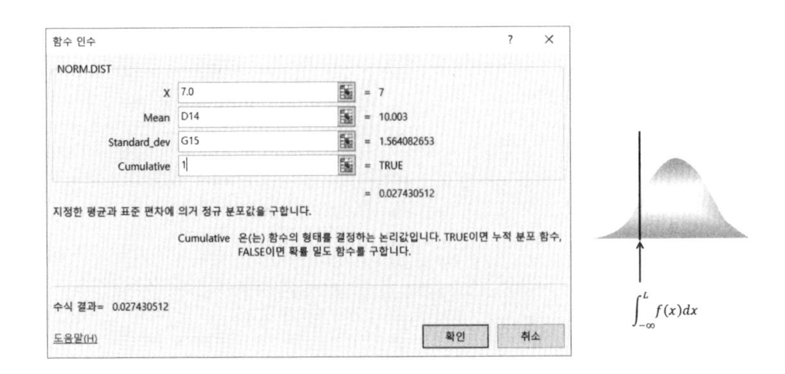

⑤ 규격상한을 벗어나는 불량률은 '1-NORM.DIST'에서 규격상한 15.0, 표본평균 10.003, 표본표준편차 1.5641 및 1을 입력하면 0.070%입니다.

중심이 규격하한으로 치우친 상태이므로 개선할 필요가 있습니다.

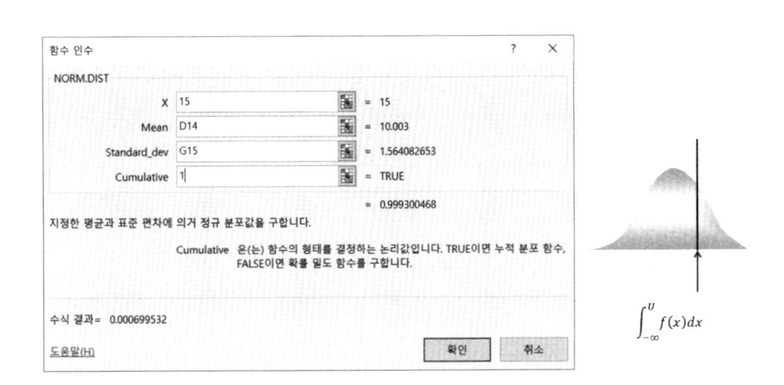

(3) 불량률 개선하기

포장 중량 데이터가 하한을 벗어나는 불량률이 너무 높으므로 하한 불량률을 1%로 억제하는 평균값이 어디쯤 되는지 알아보겠습니다. 정규분포에서 함수마법사 NORM.INV를 활용합니다. 확률 1%, 표본평균 10.003, 표본의 표준편차 1.5641를 입력하면 6.3644가 나옵니다.

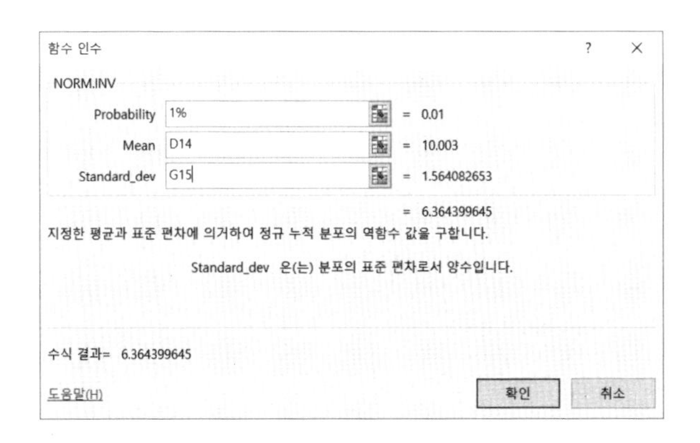

하한규격은 7이므로 하한규격과의 차이가 7−6.3644=0.6356입니다. 이 값을 평균에 더하면 10.003+0.6356=10.6386이 됩니다. 이 값이 불량률 1%가 발생하는 평균치입니다.

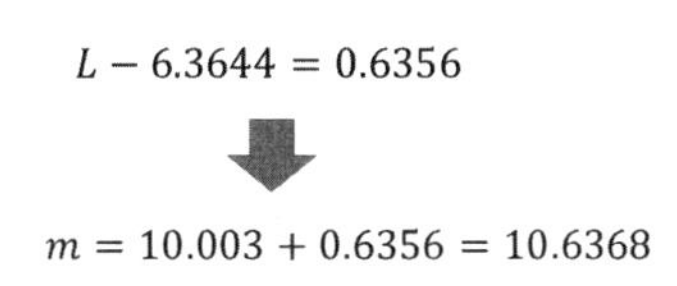

10.6386이 옳은지 검정해 볼까요? NORM.DIST를 불러 규격하한 7.0, 평균 10.6386, 표준편차 1.5641 및 1을 입력하면 정확히 1%가 나옵니다. 그러므로 이 공정은 상한규격을 고려하더라도 평균을 10.64 이상에서 중심위치인 11.00 이하 범위에서 관리해 준다면 현재보다는 훨씬 안정적으로 공정을 관리하고 불량률을 낮출 수 있을 것입니다.

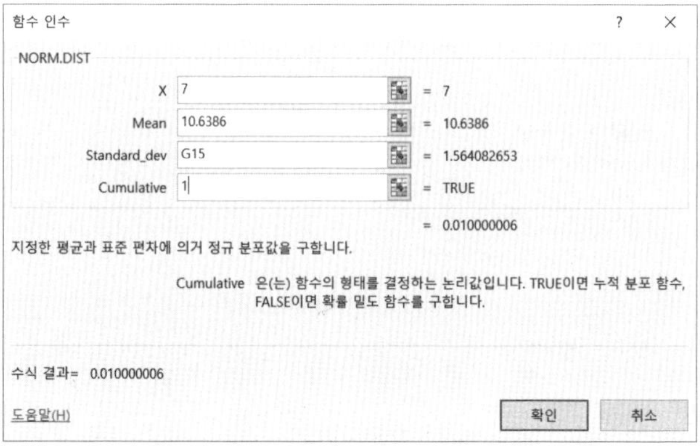

함수 인수

NORM.DIST

X 7 = 7

Mean 10.6386 = 10.6386

Standard_dev G15 = 1.564082653

Cumulative 1 = TRUE

= 0.010000006

지정한 평균과 표준 편차에 의거 정규 분포값을 구합니다.

Cumulative 은(는) 함수의 형태를 결정하는 논리값입니다. TRUE이면 누적 분포 함수, FALSE이면 확률 밀도 함수를 구합니다.

수식 결과= 0.010000006

도움말(H) 확인 취소

4.2 히스토그램으로 확률분포 확인하기!

(1) 히스토그램의 용도

히스토그램이란 길이, 무게, 시간 및 경도 등을 측정한 계량치 데이터가 어떠한 분포를 하고 있는지 시각적으로 알아보기 쉽게 나타낸 그림입니다. 히스토그램은 측정치가 존재할 범위를 몇 개의 구간으로 나누었을 때, 각 구간(계급)에 속하는 측정치의 출현 도수를 나타낸 것으로 다음과 같은 용도로 활용됩니다.

① 히스토그램으로 정규분포를 따르는지 확인할 수 있습니다.

② 규격과 비교하여 대략적 품질수준을 확인할 수 있습니다.

③ 분포의 모습으로 중심위치를 확인할 수 있습니다.

(2) 히스토그램의 여러 가지 형태와 특징

정규형	쌍봉형	절벽형	독도형
정규분포의 모습으로 일반적으로 많이 나타나는 정상적인 경우	공정의 큰 변경점이 분석 기간에 포함되어 2가지의 이질적 평균을 가진 로트가 섞인 경우	규격 이하(또는 이상 혹은 두 가지 모두)의 것을 전체 선별하여 제거하였을 경우	공정에 잠깐의 트러블이 있었을 경우 또는 일부 불량 자재가 유입된 경우

(3) 규격과의 비교에 따른 히스토그램의 해석

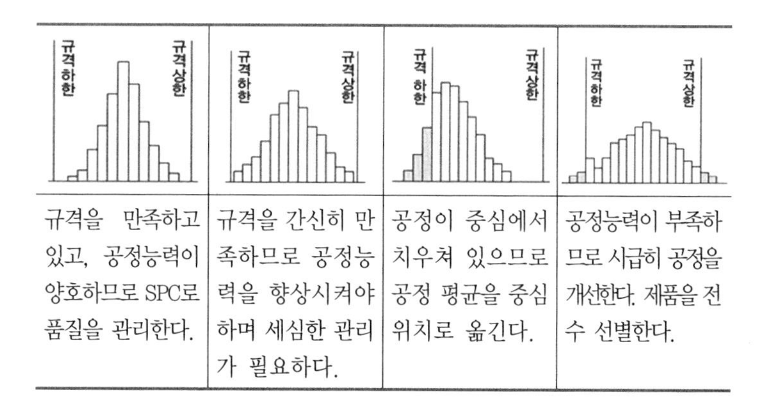

규격하한 규격상한	규격하한 규격상한	규격 하한 규격상한	규격하한 규격상한
규격을 만족하고 있고, 공정능력이 양호하므로 SPC로 품질을 관리한다.	규격을 간신히 만족하므로 공정능력을 향상시켜야 하며 세심한 관리가 필요하다.	공정이 중심에서 치우쳐 있으므로 공정 평균을 중심 위치로 옮긴다.	공정능력이 부족하므로 시급히 공정을 개선한다. 제품을 전수 선별한다.

(4) 히스토그램의 작성과 활용

① 데이터를 열 방향으로 정리합니다.

② 삽입 → 추천 차트 → 히스토그램을 선택하여 클릭하면 히스토그램이 나타납니다.

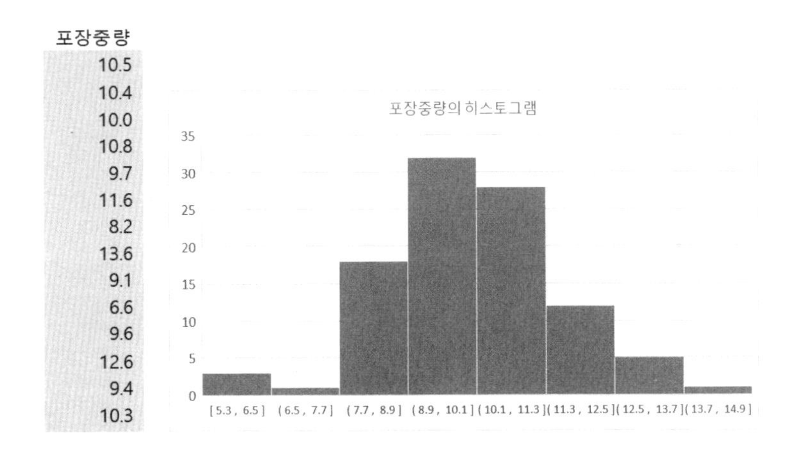

히스토그램을 보면 좌우대칭의 모습을 보이고 있으며 최빈수 역시 중앙에 위치하고 있습니다. 그러므로 정규분포라 볼 수 있습니다. 평균치는 규격의 중심 11에 비해 하측으로 치우쳐 있어서 평균치의 조정이 필요하다고 판단됩니다.

또한 분포된 데이터의 범위가 규격 7~15를 초과합니다. 이는 표준편차를 좀 더 개선할 필요가 있다는 뜻이 됩니다. 이렇게 단순히 데이터를 기술해 놓기만 해도 품질문제를 확인할 수 있습니다.

4.3 상자수염그림으로 확률분포 확인하기!

(1) 상자수염그림의 용도

상자수염그림(box plot)은 데이터를 순위별로 나열하여 4분위수로 등분한 모습을 나타낸 그림입니다. 히스토그램처럼 측정한 계량치 데이터가 어떠한 분포를 하고 있는지 시각적으로 알 수 있습니다. 일반적으로 히스토그램은 80~200개의 대표본을 기반으로 작성하는데 비해, 상자수염그림은 20~40개 정도의 중표본으로도 작성이 가능합니다. 상자수염그림의 용도는 다음과 같습니다.

① 로트의 분포를 대략적으로 알 수 있습니다.

② 중위수와 평균이 동시에 표현되므로 중심위치의 추정과 해석이 용이합니다.

③ 특히 이상치 데이터를 해석하는 데 용이합니다.

(2) 상자수염그림의 구조

① 〈그림 4-4〉 상자수염그림(box plot)의 하측 직선은 1사분위 데이터이며, 상측 직선은 4사분위 데이터입니다.

② 상자수염그림의 박스부분은 2사분위와 3사분위의 데이터로 50%가 됩니다. 즉 상자의 중심선은 중위수를 뜻하며 이 상자의 두께는 상하에 표현되어 있는 선들의 길이 합에 대해 1/3 정도의 두께로 나타나는 것이 정상입니다.

③ 또한 선의 길이보다 많이 떨어져서 위아래에 점으로 나타나는 것은 이상치 데이터일 확률이 높으므로 조사해 보아야 합니다.

④ 2사분위인 중위수와 평균이 함께 표현되어 두 값의 차이를 알 수 있으므로 이들의 차이에서 분포의 모습이 정규분포가 아닌지를 알 수 있습니다.

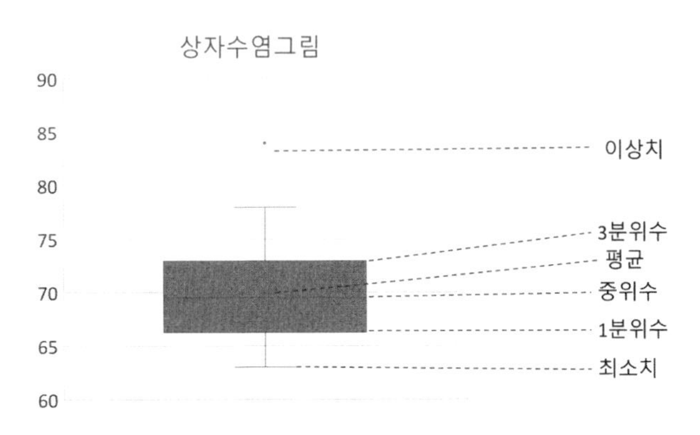

〈그림 4-4〉 상자수염그림의 구조

(3) 상자수염그림 작성과 활용

① 데이터를 열 방향으로 정리합니다

② 삽입 → 추천 차트 → 상자수염그림을 선택하여 클릭하면 상자수염그림이 나타납니다.

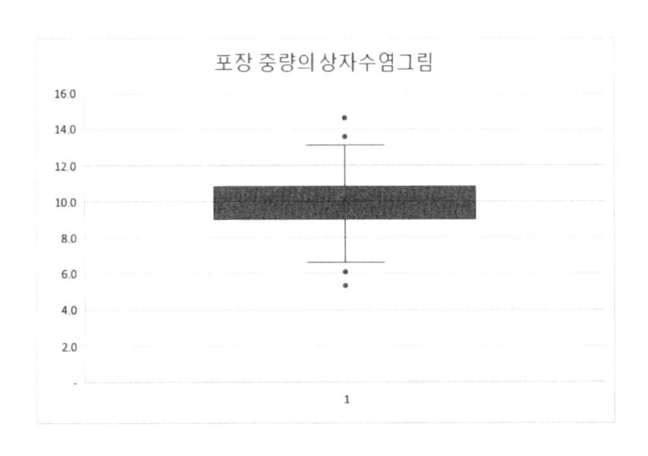

③ Y축의 값이 0부터 숫자가 나타나므로 데이터 범위를 조정해야 합니다. Y축의 값을 클릭한 후 마우스 우측 버튼을 눌러 '축 서식'을 선택합니다. '축 서식'에서 '최소, 최대'를 확인하고 싶은 값으로 바꾸면 조정이 됩니다.

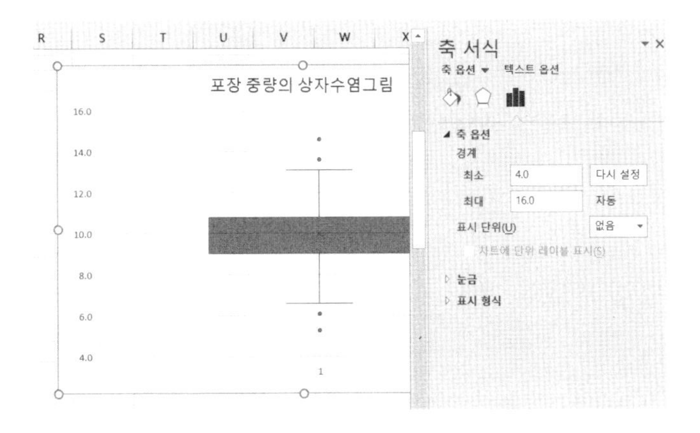

④ 선의 위아래에 이상치 데이터가 나타나고 있습니다. 적어도 최대 최소치는 상자그림에서 먼 점으로 거의 이상치 데이터로 보는 것이 현실적일 것 같습니다. 점에 커서를 맞추면 14.6과 5.3이 나타납니다.

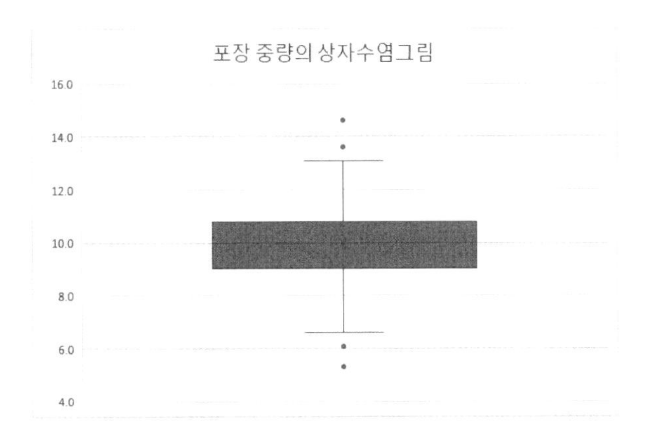

학습정리

제4장. 통계량 표현하기 사례연구

1) 어떠한 데이터를 분석하여 함수마법사로 불량률을 구한다.

① 표본평균(AVERAGE)과 중위수(MEDIAN)로 평균을 구한다.

② 표본표준편차(STDEV.S)로 산포를 구한다.

③ 정규분포(NORM.DIST)로 불량률을 확인한다.

2) 히스토그램을 작성하고 해석할 수 있다.

① 데이터를 열 방향으로 하여 차트마법사에서 구한다.

② 정규분포를 따르는지 확인한다.

③ 규격과 비교하여 품질수준을 확인한다.

3) 상자수염그림을 작성하고 해석할 수 있다.

① 20~40의 중규모 데이터일 때 히스토그램을 대신할 수 있다.

② 이상치 데이터를 찾는 데 효과적이다.

PART 5

공정의 변동을 평가해보자

5장

공정의 변동을 평가해보자

학습내용

- 공정변동(자연공차)을 알고 공정능력을 평가할 수 있다.
- 최소공정능력지수를 알고 측정할 수 있다.
- 공정성능지수를 알고 공정을 평가할 수 있다.

5.1 공정변동과 공정능력지수

(1) 정규분포의 특성

정규분포는 매우 독특한 특성을 가진 분포입니다. 평균과 표준편차에 상관없이 무조건 $\mu\pm1\sigma$ 안에는 2/3의 데이터가 나타나고, $\mu\pm2\sigma$ 안에는 95%, $\mu\pm3\sigma$ 안에는 99.7%로 거의 로트 전체가 포함되는 범위가 됩니다.

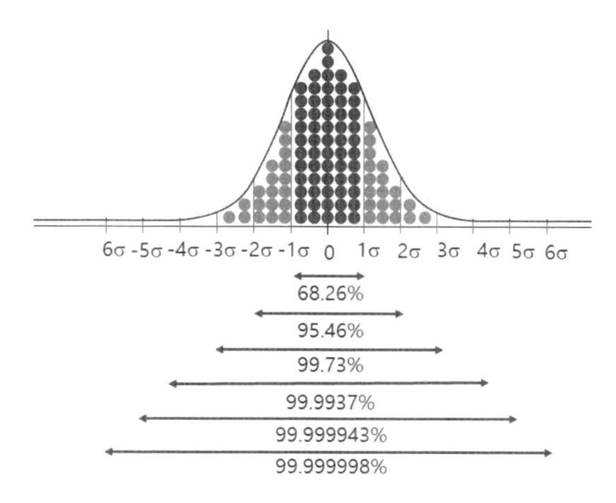

〈그림 5-1〉 정규분포의 특성

예를 들어 설명해 보겠습니다. 어느 지역의 고등학교 3학년 남학생이 1,000명이 있고 그 학생들의 키의 평균이 175cm, 표준편차가 10cm라면, 165~185cm 사이의 키를 가진 학생이 2/3, 155~195cm 사이의 학생은 954명, 그리고 145~205cm 사이의 학생은 999명이란 뜻입니다. 그런데 1,000명이 다 포함되는 범위는 없습니다. 왜냐하면 의미 없는 확률이어도 확률상으로는 아주 작은 값이 존재하다 보니 이론적으로 키가 3m가 넘은 학생이 나올 확률도 0은 아닙니다. 그러다 보니 범위를 정할 필요가 있습니다.

$\mu - 1\sigma = 175 - 1 \times 10 = 165 < X < \mu + 1\sigma = 175 + 1 \times 10 = 185$ 682명

$\mu - 2\sigma = 175 - 2 \times 10 = 155 < X < \mu + 2\sigma = 175 + 2 \times 10 = 195$ 954명

$\mu - 3\sigma = 175 - 3 \times 10 = 145 < X < \mu + 3\sigma = 175 + 3 \times 10 = 205$ 997명

$\mu - 4\sigma = 175 - 4 \times 10 = 135 < X < \mu + 4\sigma = 175 + 4 \times 10 = 215$ 999명

$\mu - 5\sigma = 175 - 5 \times 10 = 125 < X < \mu + 5\sigma = 175 + 5 \times 10 = 225$ 999명

$\mu - \cdots\sigma = 175 - \cdots \times 10 = 0cm < X < \mu + \infty\sigma = 175 + \infty \times 10 = \infty cm$ 1000명

〈그림 5-2〉 평균 175cm, 표준편차 10cm인 경우의 공정변동 범위

이러한 문제를 해결하기 위해 공정변동의 범위를 $\mu \pm 3\sigma$로 정합니다. 왜냐하면 99.7%란 1,000개 중 997개가 포함되는 범위이므로 사실상 실수로 벗어나는 경우를 제외하면 사실상 로트의 전체가 포함되는 범위로 볼 수 있기 때문입니다.

J.M. Juran은 "공정능력의 기준은 $\mu \pm 3\sigma$이며 공정에 있어 품질 상의 달성 능력을 의미한다. 또한 공정이 관리상태일 때 제품의 변동 크기를 나타내는 표시량으로 공정변동(variable of process) 또는 자연공차(natural tolerance)라고 한다"라고 하였습니다. 즉 공정변동 $\mu \pm 3\sigma$는 로트의 범위입니다.

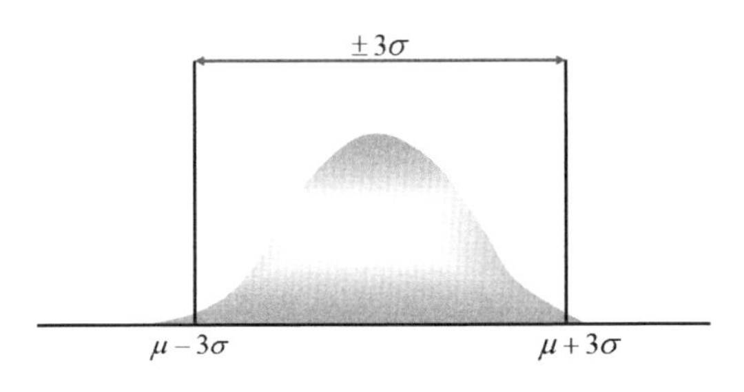

〈그림 5-3〉 공정변동

(2) 공정능력지수(Process Capability Index)

공정에서 양품과 불량품은 규격공차를 벗어나는지 여부로 결정됩니다.

만약 공정변동이 규격공차보다 크다면 관리활동과 관계없이 불량이 무조건 발생하므로 품질설계를 개선하여야 합니다. 반대로 규격공차가 공정변동보다 많이 크다면 불량이 발생하지 않는 구조이므로 관리에 충실해야 합니다. 따라서 품질조건을 설계할 때 공정변동의 상태가 규격공차에 대해 충분한지 즉 불량 '0' 구조인지를 평가하는 것이 우선되어야 합니다.

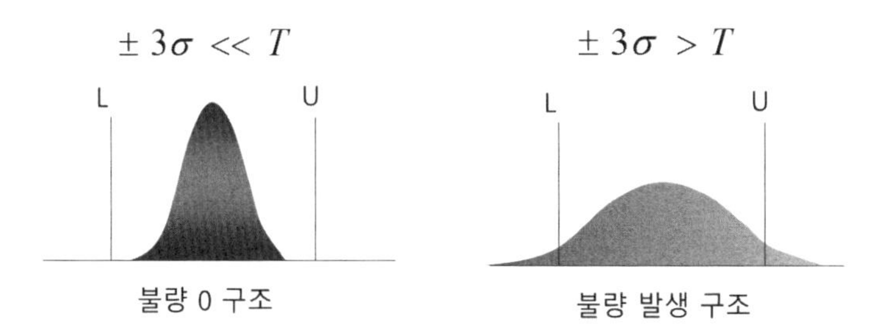

〈그림 5-4〉 불량 0구조와 불량 발생 구조

Juran은 규격공차와 공정변동의 비율을 공정능력지수로 정의하였습니다. 공정능력지수는 설계된 품질특성의 공정능력을 등급으로 평가하여 공정의 품질수준을 판정하는 지수입니다. 즉 공정능력지수란 품질표준의 설계수준을 나타내는 지표입니다.

$$C_P = \frac{U-L}{\pm 3\sigma}$$

공정능력지수의 평가기준은 품질특성이 망목특성인 경우 규격공차를 $U-L=\pm k\sigma$로 환산하여 $\frac{\pm k\sigma}{\pm 3\sigma}=\frac{k}{3}$으로 한 것입니다(단, K는 2~6의 자연수이다).

0등급은 품질이 만족스러운 수준이며, 1등급은 양호합니다. 2등급은 공정능력이 부족하므로 품질의 세심한 관리가 필요합니다. 3등급 이하는 품질을 관리할 수 없는 상태로 품질 개선이 요구됩니다.

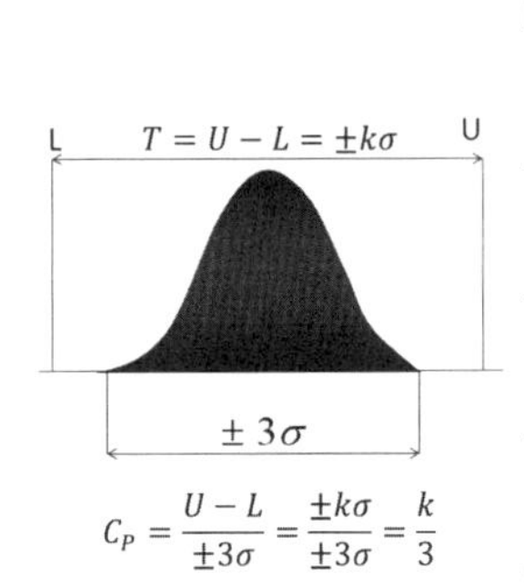

등급	공정능력평가 기준
0등급	$\frac{\pm k\sigma}{\pm 3\sigma} = \frac{k}{3} = \frac{5}{3} = 1.67 \leq C_P$
1등급	$\frac{\pm k\sigma}{\pm 3\sigma} = \frac{k}{3} = \frac{4}{3} = 1.33 \leq C_P < 1.67$
2등급	$\frac{\pm k\sigma}{\pm 3\sigma} = \frac{k}{3} = \frac{3}{3} = 1.00 \leq C_P < 1.33$
3등급	$\frac{\pm k\sigma}{\pm 3\sigma} = \frac{k}{3} = \frac{2}{3} = 0.67 \leq C_P < 1.00$

〈그림 5-5〉 공정능력지수의 평가기준

5.2 최소공정능력지수와 공정능력지수의 측정

(1) 망소특성과 망대특성

공정에서 규격상한만 존재하는 망소특성과 규격하한만 존재하는 망대특성은 공정능력지수를 여유치(규격한계－평균)와 한쪽 공정변동의 비율로서 측정합니다. 이를 C_{PkU}, C_{PkL}이라 합니다.

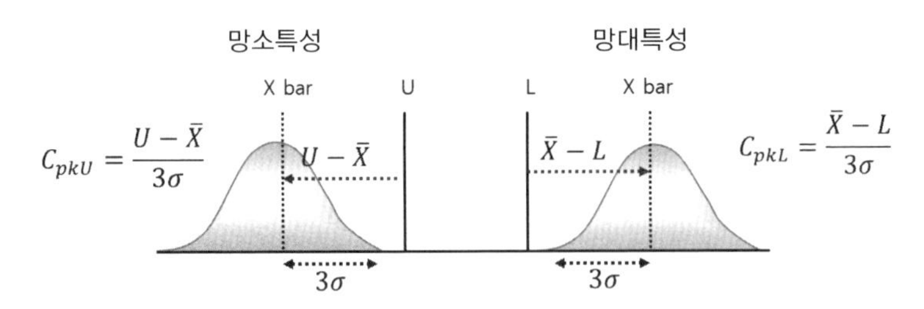

〈그림 5-6〉 망소특성과 망대특성의 공정능력지수의 측정

C_{PkU}, C_{PkL}은 계산방법이 C_P와 비슷하지만 두 속성은 큰 차이가 있습니다.

C_P는 평균을 고려하지 않음으로 인해 현실적 불량을 표현할 수 없습니다. 반면 C_{PkU}, C_{PkL}은 평균이 고려되어 있음으로 지표 자체로 불량을 표현할 수 있습니다. 즉 값이 커질수록 불량이 발생할 확률은 줄어듭니다.

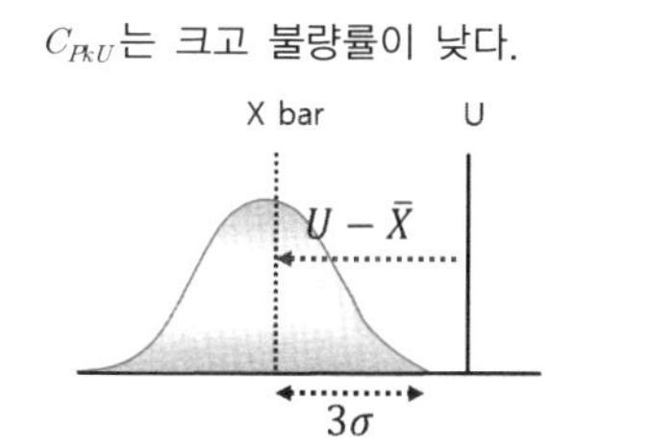

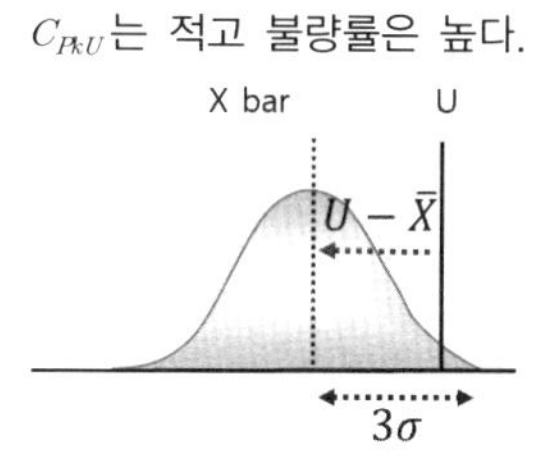

〈그림 5-7〉 중심위치의 차이에 따른 C_{PkU}와 불량률의 관계

(2) 치우침을 고려한 공정능력지수

망목특성에서 공정능력이 나쁘지 않을 경우 중심이 어느 한쪽으로 치우치면 〈그림 5-8〉과 같이 반대쪽 규격으로는 불량 발생의 위험이 거의 없어집니다. 그러므로 치우친 쪽의 규격만 있다고 생각하고 한쪽 공정능력만 비교하면 됩니다.

즉 규격상한 쪽으로 치우치면 C_{PkU}, 규격하한 쪽으로 치우치면 C_{PkL}을 C_{Pk}로 치환합니다. 그러므로 C_{Pk}를 '치우침을 고려한 공정능력지수'라고 합니다. 또한 C_{Pk}는 $C_{Pk} = \min(C_{PkL}, C_{PkU})$로 구하므로 '최소공정능력지수'라고도 합니다.

공정능력지수는 평균치의 위치 변화에 따른 품질수준을 측정할 수 없기 때문에 불량률과 직접 관계가 없어 개별로트의 품질보증을 하는 것은 한계가 있습니다. 하지만 망목특성도 C_{Pk}로 공정의 불량률을 나타낼 수 있습니다. 그러므로 최소공정능력지수는 단일로트의 품질평가지표로 활용됩니다.

☞ $C_{pk} = C_{pkU} = \dfrac{U - \bar{X}}{3\sigma}$

만약 반대쪽으로 치우쳤다면

$$C_{pk} = C_{pkL} = \frac{\bar{X} - L}{3\sigma}$$

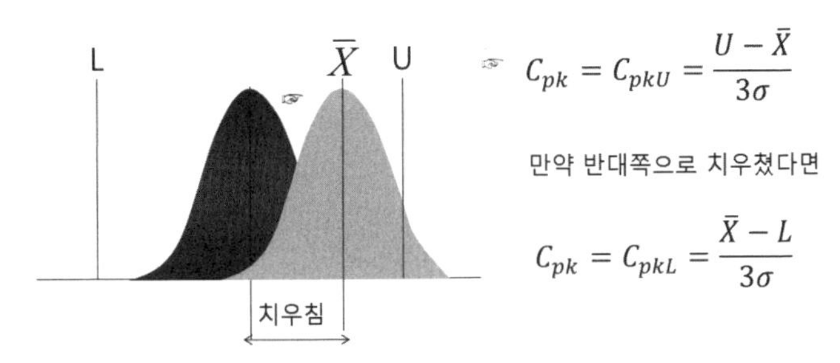

〈그림 5-8〉 치우침을 고려한 공정능력지수

(3) 공정능력지수와 공정개선

공정능력이 낮은 경우는 관리할 수준이 아니므로 먼저 공정개선부터 해야 합니다. 그러므로 공정능력지수는 품질표준에 관한 평가지표가 됩니다.

입고 로트에 대한 최소공정능력지수가 나쁘다는 뜻은 공정에서 치우침 관리가 소홀하다는 뜻입니다. 공정의 평균이 중심에 올 수 있도록 관리를 세심하게 하는 것이 필요합니다. 최소공정능력지수는 로트의 품질평가지표입니다.

✿ 설계적 관점

크게 하려면 ← $Cp = \dfrac{T}{\pm 3\sigma}$ → 모표준편차를 작게 개선할수록

✿ 관리적 관점

크게 하려면 ← $C_{PK} = MIN(C_{PKU}, C_{PKL})$ → 평균이 중심에 가까워질수록

〈그림 5-9〉 공정능력지수와 공정개선

(4) 공정능력지수의 측정 실습

협력업체의 품질특성에 대한 규격공차는 100~104로 관리되고 있습니다. 최근 입고된 로트의 검사 성적서는 다음과 같으며, 공정은 정규분포를 따릅니다. 공정능력지수를 구하고 평가해 봅시다.

100.7	101.2	101.1	102.6	102.2
100.8	101.5	101.9	101.6	101.8

① 표본평균은 101.54입니다.

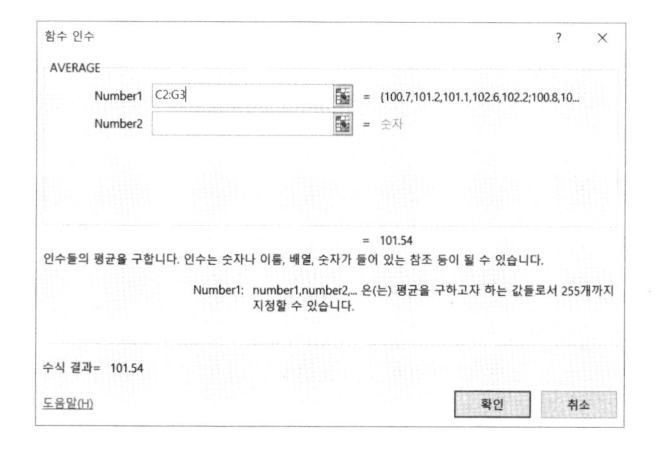

② 표준편차는 0.608입니다.

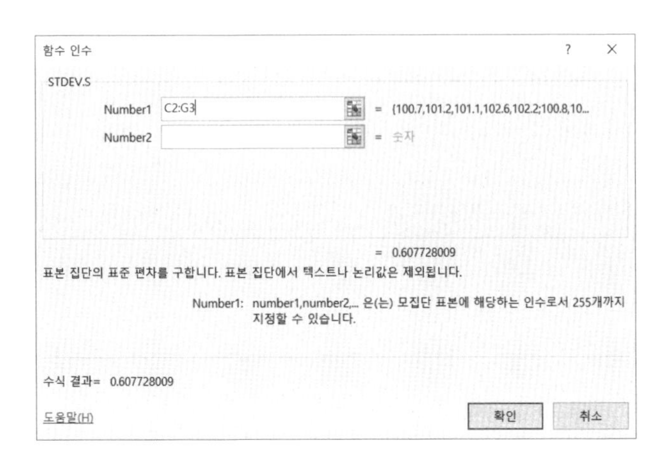

③ 공정능력지수는 $C_P = \dfrac{U-L}{\pm 3\sigma} = \dfrac{104-100}{6 \times 0.608} = 1.097$ 입니다.

공정능력지수가 2등급으로 나타났으므로, 품질표준의 수준을 상향하는 것이 필요합니다.

④ 최소공정능력지수 $C_{Pk} = \min(C_{PkL}, C_{PkU}) = C_{PkL}$ 입니다.

그러므로 $C_{PkL} = \dfrac{\overline{x}-L}{3\sigma} = \dfrac{101.54-100}{3 \times 0.608} = 0.845$ 이며, 3등급입니다. 평균치의 치우침이 크므로 중심으로 평균을 조정하는 것이 필요합니다.

5.3 장기공정능력의 평가와 해석

(1) 공정능력지수와 공정성능지수

공정능력지수를 평가하는 이유는 궁극적으로 꾸준히 품질수준을 최상으로 유지하기 위함입니다. 하지만 공정능력지수가 우수하다고 최고의 실적으로 연결되는 것은 아니므로 장기적 변동을 공정성능지수로 관리하는 것이 중요합니다. 아무리 공정능력지수가 우수하여도 생산의 운영 결과 치우침, 경향변동, 마모, 작업자의 미세한 실수 등이 발생하므로 장기공정능력인 공정성능지수는 단기공정능력인 공정능력지수보다 나쁘게 나타납니다. 여기에 관리 실수가 추가되면 공정성능지수는 매우 나빠지게 됩니다.

공정성능지수는 기술적 품질수준과 관리수준이 합쳐진 품질관리의 결과로 표준의 이행수준을 평가한 것입니다.

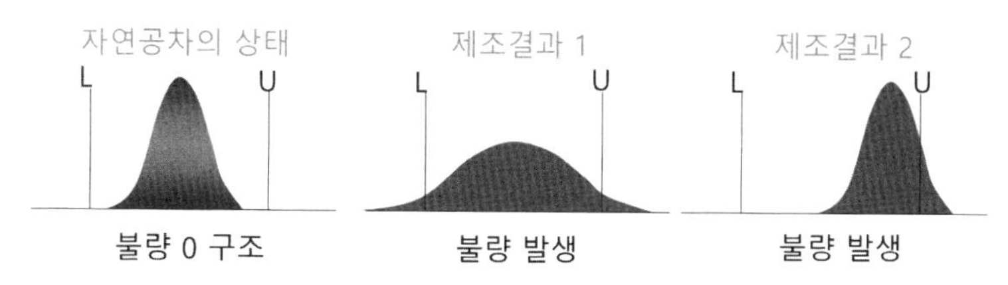

〈그림 5-10〉 불량 0구조가 장기적으로 불량이 발생하는 이유

공정성능지수는 장기적 공정수행능력의 평가로 분기, 반기, 기(년)를 단위로 평가합니다. 평가방법은 공정능력지수와 동일하지만 표준편차가 달라집니다. 표준편차는 전체 실적 데이터에 대해 STDEV.S로 구합니다. 하지만 이 표준편차에는 여러 품질적 변화가 모두 포함되어 있으므로 단기간의 표준편차보다는 상당히 크게 나타납니다. 6시그마 이론에 의하면 통상 분기 이상을 운영한 결과를 평가할 경우 1.5시그마수준의 변동이 나타난다고 알려져 있으므로 공정능력지수보다는 0.5 정도 이내에서 적어지는 결과로 나타납니다.

항목	공정능력지수 (process capability index)	공정성능지수 (process performance index)
목적	공정이 관리상태일 때의 공정능력을 나타내는 수준	장기적으로 로트 간 품질 변동을 포함한 전체 변동이 어느 정도인지 확인
기간	1일/1lot, 1~2주/1lot 이내	3개월(분기), 반년(반기), 1년(기)
데이터 수집	군 구분을 해서 20 ~ 35군	군 구분을 해서 25 ~ 50군
적용 표준편차	$\sigma_{short-term} = \sigma_{within}$	$\sigma_{Long-term} = \sigma_{overall}$
주의사항	자료 적출 기간 동안 이상 원인이 개입되지 않도록 4M을 유지할 것	정상적으로 검 교정이나 Tool & 준비교체 등 변경점을 포함한 장기적 데이터
계산식	$C_P = \frac{U-L}{6\sigma_{within}}$	$P_P = \frac{U-L}{6\sigma_{overall}}$

〈그림 5-11〉 공정능력지수와 공정성능지수

(2) 공정성능지수의 저해 내역

일반적으로 장기간의 운영 결과의 표준편차인 $\sigma_{long-term} = \sigma_{overall}$은 단기간의 표준편차 σ_{within}보다 1.5배 정도 크다고 알려져 있습니다. 왜냐하면 장기 변동에는 준비교체, 여러 가지 프로세스나 tool의 열화 등에 의한 변동이 포함되기 때문입니다.

또한 최소공정성능지수와 공정성능지수의 차이는 일반적으로 크지 않습니다. 왜냐하면 장기변동의 경우 서브 로트별 치우침이 평균치를 중심으로 크고 작고를 반복하기 때문에 궁극적으로는 평균을 중심으로 좌우대칭 구조로 나타나게 됩니다. 이러한 현상을 중심극한정리라 합니다.

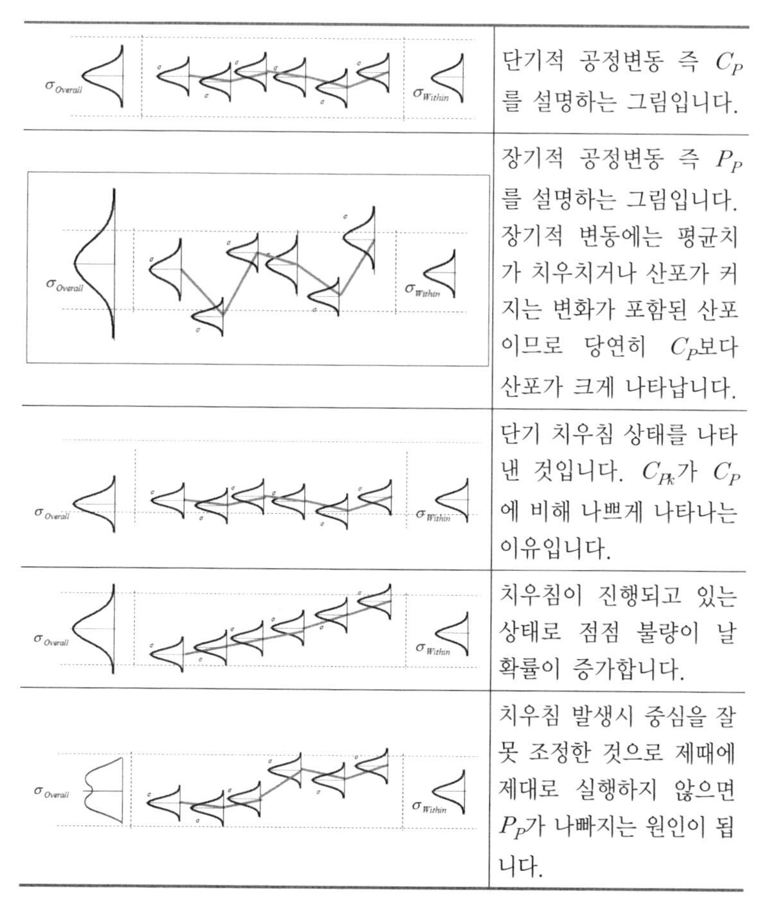

그림	설명
	단기적 공정변동 즉 C_P를 설명하는 그림입니다.
	장기적 공정변동 즉 P_P를 설명하는 그림입니다. 장기적 변동에는 평균치가 치우치거나 산포가 커지는 변화가 포함된 산포이므로 당연히 C_P보다 산포가 크게 나타납니다.
	단기 치우침 상태를 나타낸 것입니다. C_{Pk}가 C_P에 비해 나쁘게 나타나는 이유입니다.
	치우침이 진행되고 있는 상태로 점점 불량이 날 확률이 증가합니다.
	치우침 발생시 중심을 잘못 조정한 것으로 제때에 제대로 실행하지 않으면 P_P가 나빠지는 원인이 됩니다.

〈그림 5-12〉 공정성능지수의 변화 원인

(3) 공정성능지수의 평가 및 해석

다음 자료는 실의 인장강도를 조사하기 위하여 3개월간의 검사성적서에서 60개의 모든 데이터를 대상으로 평균과 표준편차를 계산한 결과입니다. 만약 인장강도의 규격공차가 2.60±0.30이라면, 최소공정성능지수는 얼마일까요?

[자료] $\overline{x} = 2.52$, $s = 0.09$

[풀이]

최소공정성능지수 $P_{Pk} = \min(P_{PkL}, P_{PkU}) = P_{PkL}$ 입니다.

그러므로 $P_{PkL} = \dfrac{\overline{x} - L}{3s} = \dfrac{2.52 - 2.30}{3 \times 0.09} = 0.815$ 로 3등급입니다.

장기적으로 평균이 하한으로 치우치는 경향이 있네요. 중심위치의 수정이 필요합니다.

학습정리

제5장. 공정변동을 평가해보자

1) 공정변동과 규격공차를 비교하면 공정능력지수를 구할 수 있으며, 공정능력지수는 설계품질 평가지표에 해당됩니다.

① 공정변동의 범위는 $\pm 3\sigma$를 기준으로 정하며 이를 공정능력치라 합니다.

② 공정능력지수: $C_P = \dfrac{U - L}{\pm 3\sigma}$ 로 구합니다.

③ $C_P > 1.67$ 즉 0등급이며 공정능력은 우수하다고 평가합니다.

2) 최소공정능력지수

치우침을 고려한 공정능력으로 $C_{Pk} = \min(C_{PkL}, C_{PkU})$ 로 구합니다. 입고 또는 생산되고 있는 로트 즉 현재 로트의 품질수준을 평가하는 지표입니다.

3) 공정성능지수는 장기적 품질수준을 평가하는 지수입니다. 즉 기업의 품질달성수준을 평가하는 지표입니다.

$$P_P = \frac{U - L}{\pm 3\sigma_{overall}}$$

PART 6

계수형 데이터의 모습을 표현해보자

6장

계수형 데이터의 모습을 표현해보자

학습내용

- 계수형 데이터의 용도를 알고 파레토도를 작성할 수 있다.
- 이항분포를 활용하여 합격판정기준에 따른 로트의 합격률을 측정할 수 있다.
- 푸아송분포를 활용하여 합격판정기준에 따른 로트의 합격률을 측정할 수 있다.

6.1 계수형 데이터와 파레토도

(1) 계수형 데이터란 무엇인가?

공정은 수많은 품질정보들이 산출되고 있습니다. 그 중 계수형 데이터도 계량형 데이터 못지않게 매우 많습니다. 계수형 데이터는 불량률, 결점 수 등 주로 검사 관련 데이터와 공정에서 자동 계측기에 의한 전수검사 결과 등에 관한 자료들입니다.

구 분	특 징	종 류
계량형	데이터의 수치를 계측기로 측정하여 읽는 품질특성	무게, 두께, 인장강도, 온도, 습도, 길이, 면적, 성적 등
계수형	데이터의 수치를 개수로 셀 수 있는 품질특성	불량률, 불량개수, 결점 수, 출근율, 가동률,

(2) 계수형 데이터가 필요한 이유

① 계수형 데이터는 항목별로 구분하여 집계도 되지만 공정 전체의 품질문제를 하나의 지표로 나타내므로 그 공정의 품질수준을 평가할 수 있습니다.

〈그림 6-1〉 계수형 데이터가 필요한 이유

② 계수형 데이터를 관련 항목별로 층별하여 파레토도를 활용하면 품질문제를 발생시키는 Vital Few가 무엇인지 알 수 있습니다.

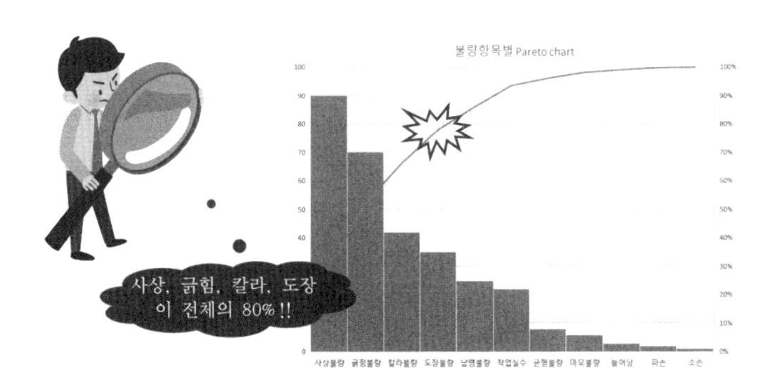

〈그림 6-2〉 품질문제의 Vital Few

(3) Pareto

파레토도(Pareto diagram)는 이탈리아의 경제학자 빌프레도 파레토(V. Pareto: 1848~1923)가 '상위 20%의 국민이 전체 국민 재산의 80%를 점유하고 있다'는 소득 곡선에 대한 지수법칙을 발표한 데에서 시작되었으며, 이를 주란이 꺾은선그래프와 막대그래프로 정형화하면서 '파레토도'라 명명하였습니다.

어떠한 품질문제에 대한 원인에는 많은 항목이 존재하나 그 중 점유비가 높은 요인(Vital Few)과 낮은 요인(trivial many)이 혼재되어 있으므로 점유비가 높은 요인을 우선적으로 개선하는 것이 효과적입니다. 파레토도는 Vital Few를 확인하는 데 효과적인 그래프입니다.

파레토도의 용도는 다음과 같습니다.

① 부적합, 부적합수, 고장 등을 대상으로 어떠한 현상을 점유하고 있는 항목별 비율을 조사하여 Vital Few를 찾기 위해 활용

② 어떠한 결과 또는 현상의 원인이 무엇인지 층별하여 조사할 때 활용

③ 계수형 데이터의 개선 전후 효과를 비교하는 데 활용

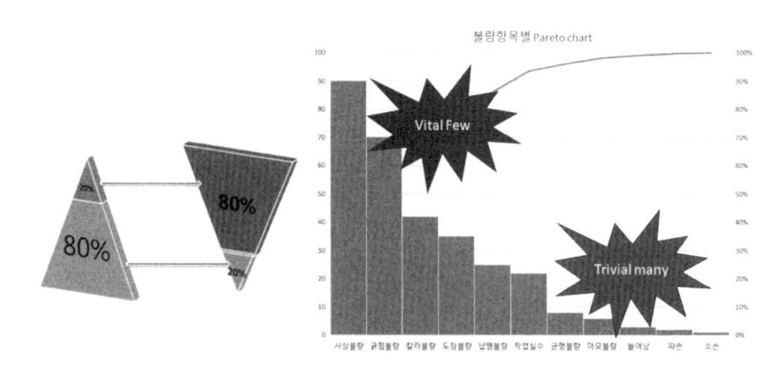

〈그림 6-3〉 2:8의 법칙과 Vital Few

(4) Pareto도의 작성방법

① 데이터를 속성별로 건수를 집계하여 열 방향으로 정리합니다.

② 데이터를 활성화하고 삽입 → 추천 차트(히스토그램)→ 파레토를 선택하면 다음과 같이 파레토도가 작성됩니다.

분류항목	부적합품수
납땜불량	25
굵힘불량	70
균형불량	8
마모불량	6
칼라불량	42
소손	1
파손	2
늘어남	3
도장불량	35
사상불량	90
작업실수	22

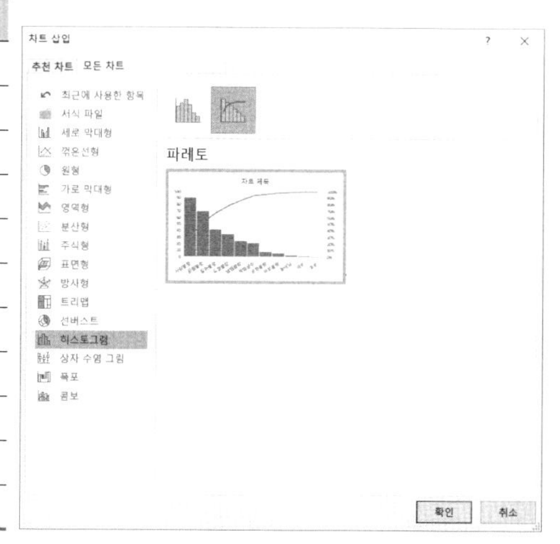

6.2 이항분포와 불량개수의 합격판정

(1) 이항분포란 무엇인가?

통계적 품질관리 활동과 밀접한 관계가 있는 이항분포(Binomial distribution)는 현장에서 늘 접하는 불량률이나 로트별 검사에 대한 불량개수의 이상 유무를 알 수 있는 그림입니다.

이항분포의 조건은 다음과 같습니다.

① 두 가지의 확실히 대비되는 조건으로만 판정되는(배반 사상) 경우에 나타나는 현상입니다.

② 또한 특정 확률이 항상 일정하게 유지되어야 합니다(독립 시행).

$$P \quad P \quad P \quad P \cdots\cdots\cdots\cdots \rightarrow$$

(2) 불량률은 이항분포(binomial distribution)를 따른다.

로트의 합격률이나 공정의 불량률은

① 합격, 불합격 또는 양품, 불량의 2가지 경우만 존재하므로 배반 사상의 조건을 만족합니다.

② 또한 공정이나 로트는 매일 또는 일정기간 동안 반복적으로 생산 또는 로트로 형성되며 표준이 바뀌지 않는 한 내재된 기대 불량률은 변치 않습니다. 그리고 시행할 때마다 기대 불량률은 늘 일정하므로 시행할 때마다의 기대 불량률 또는 합격률은 일정합니다.

$$P = \frac{NP}{N} \cong \frac{NP}{N-1} \cong \frac{NP-1}{N}$$

그러므로 로트의 합격률이나 공정의 불량률은 이항분포를 따릅니다.

또한 n개를 검사할 때 출현되는 기대불량개수(평균불량개수)는 다음과 같습니다.

$$E(X) = nP$$

그러므로 불량률이 2%인 공정에서 100개를 샘플링할 경우 기대불량개수는 2개가 됩니다.

(3) 공정 기대 불량률의 추정방법

이항분포의 모수는 불량률 P이며 이는 시행할 때마다의 기대 불량률이 됩니다. 기대 불량률은 오랜 기간 동안 공정에서 발생한 누적불량률의 수렴현상을 통해 확인할 수 있습니다.

주차	검사량	불량개수	누적 검사량	누적 불량수	누적 불량률	단위 불량률
1주	500	31	500	31	6.2%	6.2%
2주	490	20	990	51	5.2%	4.1%
3주	540	32	1530	83	5.4%	5.9%
4주	400	20	1930	103	5.3%	5.0%
5주	530	32	2460	135	5.5%	6.0%
6주	560	58	3020	193	6.4%	10.4%
7주	480	33	3500	226	6.5%	6.9%
8주	480	24	3980	250	6.3%	5.0%
9주	580	12	4560	262	5.7%	2.1%
10주	470	19	5030	281	5.6%	4.0%
11주	580	17	5610	298	5.3%	2.9%
12주	440	18	6050	316	5.2%	4.1%
13주	480	5	6530	321	4.9%	1.0%
14주	480	19	7010	340	4.9%	4.0%
15주	670	20	7680	360	4.7%	3.0%
16주	420	17	8100	377	4.7%	4.0%
	8100	377				

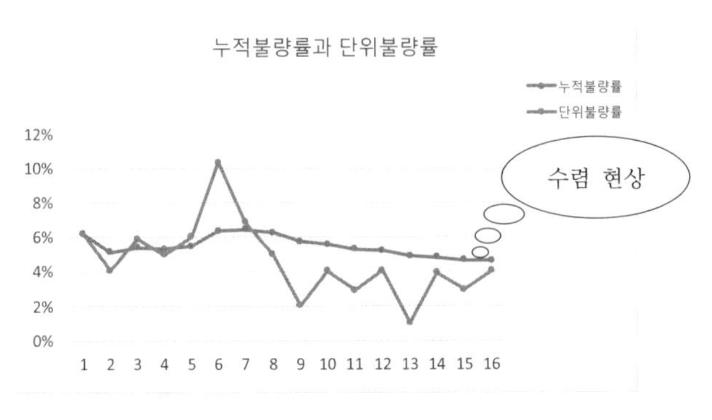

〈그림 6-4〉 누적불량률

이항분포의 확률을 구하는 확률질량함수(probability mass function)는 다음과 같습니다.

$$\Pr(X=x) = {}_{n}C_{x} P^{x}(1-P)^{n-x}$$

예를 들어 불량률 5%인 가공공정에서 20개를 검사할 때 불량품이 1개 출현할 확률은 다음과 같습니다.

$$\Pr(X=1) = {}_{20}C_{1} \times 0.05^{1} \times 0.95^{19} = 0.377$$

엑셀을 이용하여 간단하게 구해보겠습니다.

(4) 엑셀을 활용한 이항분포의 확률 계산 방법

불량률이 5%인 공정에서 표본을 20개 샘플링할 경우 불량품이 1이 나올 확률을 함수마법사를 활용하여 구해봅시다.

① 이항분포를 뜻하는 영문 binomial에서 함수마법사는 BINOM입니다. 그리고 함수로 확률을 구할 경우에는 꼬리에 .DIST를 붙이므로 BINOM.DIST가 됩니다. BINOM.DIST에는 입력 칸이 4개 있습니다. number_s는 불량품수(확률변수 1), trial_s 표본

표본수(20), Probability_s 모집단의 불량률(0.05), cumulative 누적여부(0)를 입력하면 원하는 확률 0.3774가 구해집니다.

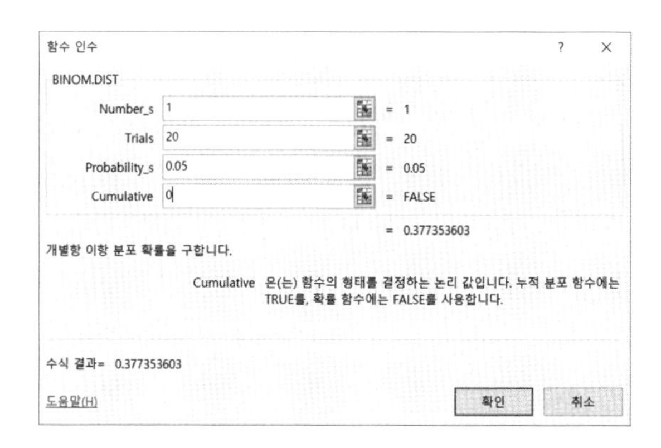

② 그렇다면 같은 조건에서 불량품이 1개 이하가 출현할 확률을 구해봅시다. cumulative에 1을 입력하면 됩니다. 73.6%가 나왔습니다.

이제 질문을 바꾸어 봅시다. 우리 회사는 입고된 로트에서 20개를 샘플링하여 부적합품이 1개 이하로 로트를 합격시키고 있습니다(합격판정개수Ac=1). 불량률이 5%인 로트가 합격할 확률은 무려 73.6%입니다. 이 검사는 합리적인가요?

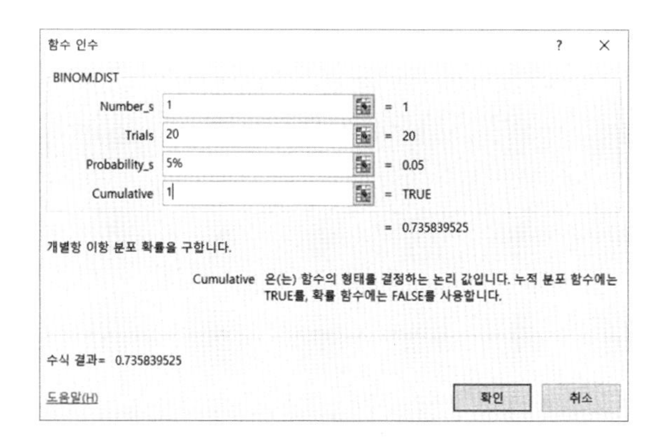

③ 이제 합격판정개수를 정해 보겠습니다. 우리 회사는 검사 여력이 로트당 30개 이상은 할 수 없습니다. 그렇지만 불량률 1%인 로트를 검사할 경우 합격률을 50% 정도로 설계하고자 합니다. 즉 불량률 1%가 합격 또는 불합격의 변곡점이 됩니다.

이 경우에는 확률을 이용하여 기준을 설정하려는 경우이므로 꼬리에 .INV가 붙은 BINOM.INV 함수마법사를 불러옵니다.

Trials 표본수(30), Probability_s(0.01), Alpha는 합격시키고자 하는 확률이므로 (0.5)를 입력하면 합격판정개수는 '0'이 나옵니다. 즉 현재 조건에서 최선의 검사는 n=30, Ac=0입니다. 이 경우 불량률 1%인 로트의 합격 확률을 한번 구해보겠습니다. BINOM.DIST(0, 30, 0.01, 1)로 확인하면 0.7397입니다. 아무래도 검사량이 더 증가해야만 불량률 1%인 로트를 50% 정도로 합격시키는 샘플링검사 방식이 가능할 것 같습니다.

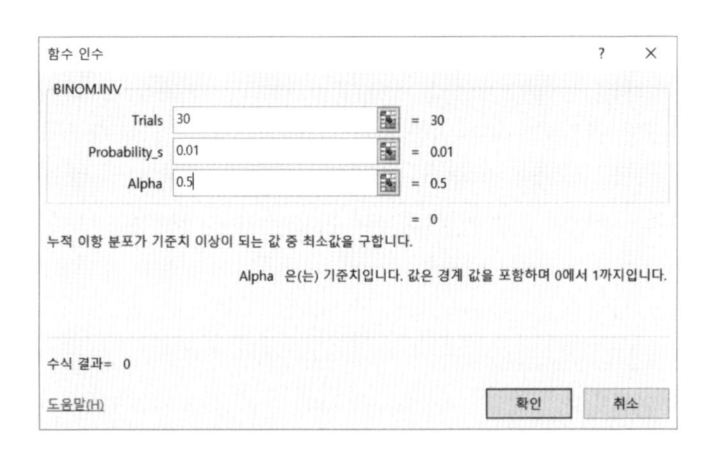

6.3 푸아송분포와 부적합수의 합격판정

(1) 결점수는 푸아송분포를 따른다.

푸아송분포는 이항분포와 동일한 배반사상과 독립시행의 조건하에서, 일정 단위의 표본에서 발생될 사건의 발생 기회가 셀 수 없을 만큼 많을 때, 특정한 사건이 발생할 확률에 관한 분포입니다.

이 경우 불량률이 0에 수렴하므로 불량률을 로트의 품질특성으로 해서는 관리가 불가능합니다.

$$P = \frac{X}{n} = \frac{X}{\infty} \cong 0$$

그러나 불량 건수 X가 발생한 것은 사실이므로 이를 평균 발생 횟수 m으로 정의하며, 이 때 특정 사건이 발생할 횟수를 확률변수 X로 정의하면 이 확률변수는 푸아송분포를 따릅니다.

$$E(X) = nP = m$$

현장에서 푸아송분포를 따르는 경우는 무수히 많습니다.

① 특정 기간에 안전사고의 발생 기회는 무수히 많습니다. 그러므로 안전사고의 발생건수는 푸아송분포를 따릅니다.

② 특정 기간에 기계의 고장이 발생할 기회는 무수히 많습니다. 그러므로 기계의 고장건수는 푸아송분포를 따릅니다.

③ 특정 기간에 사람이 결근이나 지각할 기회는 무수히 많습니다. 그러므로 결근일수, 지각일수, 특정일 연월차 사용일수는 푸아송분포를 따릅니다.

④ 특정 면적당, 특정 체적당 도장불량건수, 흠의 수, 결점 수 등이 발생할 기회는 무수히 많습니다. 그러므로 이들은 모두 푸아송 분포를 따릅니다.

⑤ 특정 시간당 사절 수(실이 끊어지는 횟수) 등도 푸아송분포를 따릅니다.

결론적으로 시간, 면적, 체적 등과 관계된 발생건수는 부적합 수로 총칭되며, 대부분 푸아송분포를 따릅니다.

푸아송분포의 확률을 구하는 확률질량함수(probability mass function)는 다음과 같습니다.

$$Pr(X=x)=e^{-m}\times\frac{m^x}{x!}$$

그럼 예를 들어보겠습니다.

어느 회사 도장 공정의 100대당 기대 부적합수(m)는 4건입니다. 이 공정에서 100대를 검사할 경우 부적합수가 2건이 발생될 확률은 얼마일까요?

$$Pr(X=2)=e^{-4}\times\frac{4^2}{2!}=0.147$$

(2) 엑셀을 활용한 푸아송분포의 확률 계산 방법

푸아송분포는 약자를 사용하지 않고 POISSON을 쓰며, 확률을 계산하는 함수는 꼬리가 .DIST이므로 POISSON.DIST가 됩니다.

POISSON.DIST 함수는 3개의 입력 칸이 나타나는데 그 중 X는 허용하는 부적합수, mean은 평균 부적합수, cumulative는 누적(1) 또는 개별(0)을 입력합니다. 14.7%가 구해집니다.

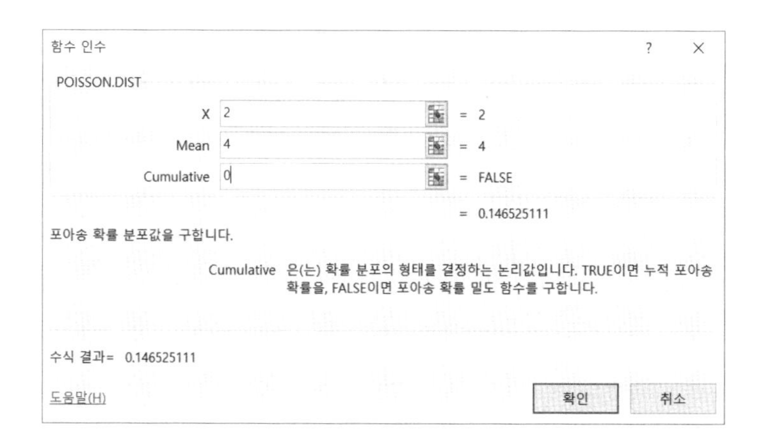

그럼 합격 기준이 도장 부적합 2건 이하라면 합격 확률은 몇 % 일까요?

로트의 합격 확률은 X와 mean은 동일하게 하고, 2개까지 합격이므로 cumulative는 1을 입력하여야 합니다. 합격률은 0.2381 즉 23.81%입니다.

너무 낮은 합격률이 예상되므로 부적합수를 줄이기 위한 개선이 필요합니다.

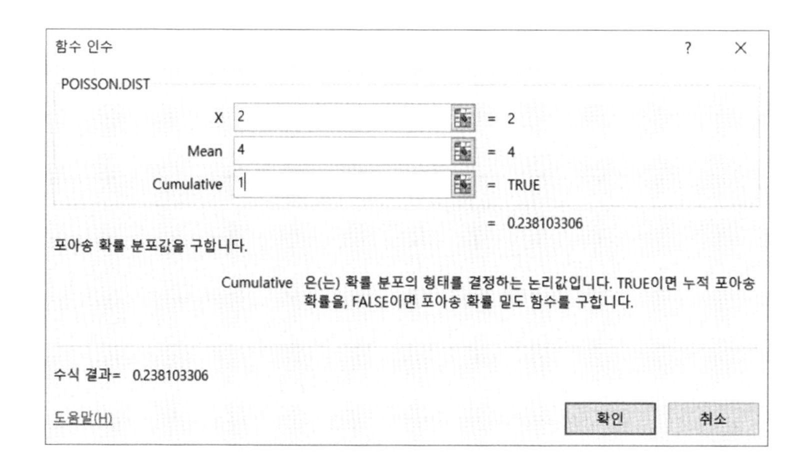

(3) 계수형 분포의 정규 근사

이항분포나 푸아송분포는 소정의 조건에 해당되면 정규분포에 근사합니다. 그 기준은 〈그림 6-5〉와 같이 기댓값이 5보다 크면 정규분포 근사 조건이 만족됩니다.

5이하인 경우 정규 근사가 될 수 없는 이유는 정규분포는 이등변 삼각형인데 평균이 너무 작으면 개수는 음수가 없으므로 이등변삼각형 형태가 나올 수 없기 때문입니다.

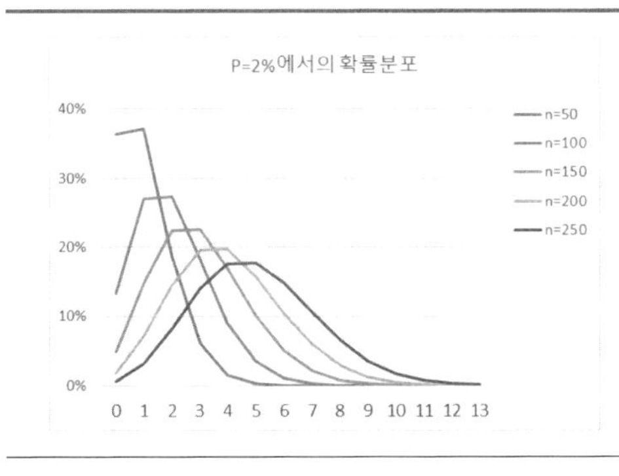

P=2%일 때 n의 변화에 따른 이항분포의 모습이다.

P〈0.5인 경우 기대치 nP≥ 5이상이면 정규분포에 근사한다. 즉, n=250인 경우에 해당된다.

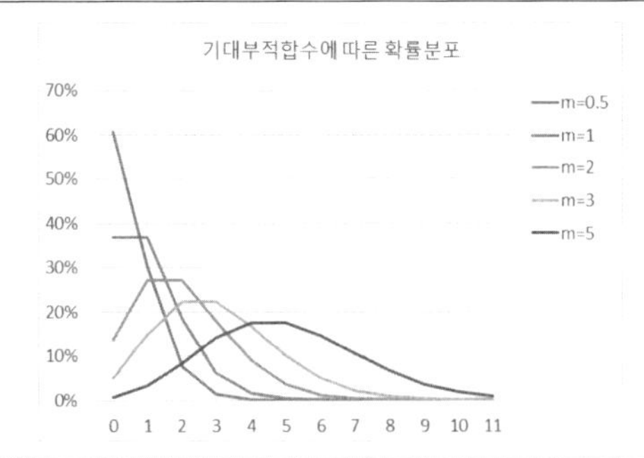

기대치의 차이에 따른 푸아송분포의 모습이다.

기대치가 5이상이면 정규분포에 근사한다. 즉, m=5인 경우에 해당한다.

〈그림 6-5〉 이항분포와 푸아송분포의 확률분포

실례를 한 번 볼까요? 100번 가위, 바위, 보를 할 때 이길 확률은 1/3이지만 기대 평균차가 100×1/3=33이므로 당연히 33회를 중심으로 정규분포로 나타납니다.

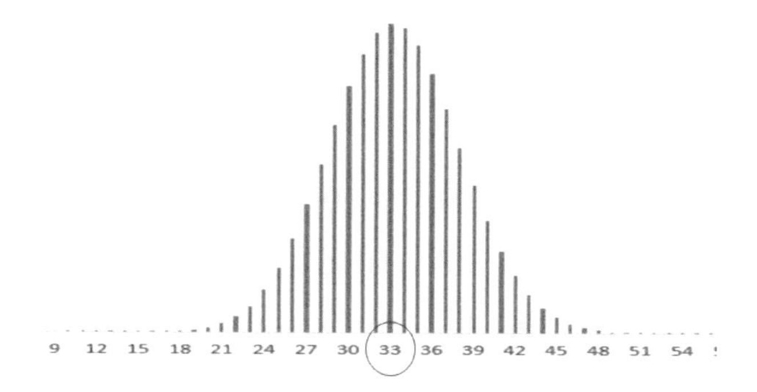

〈그림 6-6〉 100번 가위 · 바위 · 보를 할 경우 이기는 경우의 확률

학습정리

제6장. 계수형 데이터의 모습을 표현해보자

1) 계수치 데이터

① 공정의 거시적인 품질정보를 확인할 수 있다.

② 계수치 데이터를 층별하여 무엇이 문제인지 알 수 있다.

③ 차트마법사로 파레토그림을 작성할 수 있다.

2) 이항분포

① 공정의 불량률, 불량개수 등에 적용되는 분포이다.

② 확률을 계산하는 함수마법사로 BINOM.DIST를 사용한다.

③ 합격 확률에 적합한 합격판정개수를 정하려면 BINOM.INV를 사용한다.

3) 푸아송분포

① 시간당 사고건수, 면적당 결점수 등에 적용되는 분포이다.

② 확률을 계산하는 함수마법사로 POISSON.DIST를 사용한다.

PART 7

품질을 측정하는 다양한 방법을 학습해보자

7장

품질을 측정하는 다양한 방법을 학습해보자

학습내용

- 시그마수준과 최소공정능력지수의 관계를 알고 표현할 수 있다.
- 공정의 불량률에 대해 공정능력지수로 표현할 수 있다.
- 산점도를 그리고 두 데이터의 상호관계를 확인할 수 있다.

7.1 시그마수준과 공정능력지수

(1) 6시그마 품질수준

6시그마 품질수준이란 규격 공차의 중심부에서 규격 끝까지의 거리가 $\pm 6\sigma$란 뜻입니다. 즉 표준편차의 12배란 뜻입니다. 이때의 공정능력지수(Cp)는 규격공차가 12σ이므로 2.0이 됩니다. 이 상태에서의 공정 불량률은 0.002ppm으로 불량 '0' 수준입니다.

$$C_P = \frac{U-L}{\pm 3\sigma} = \frac{\pm 6\sigma}{\pm 3\sigma} = 2.0$$

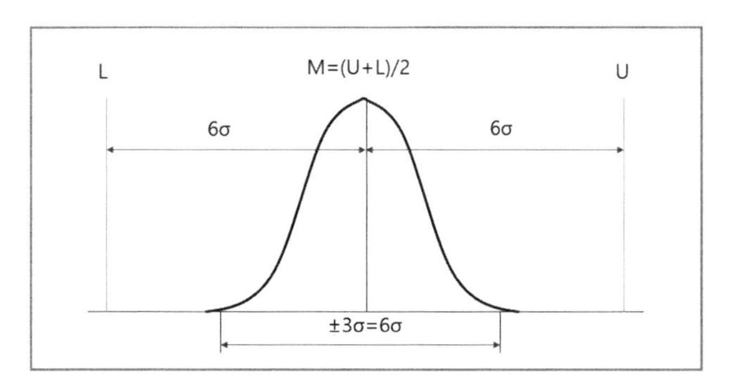

〈그림 7-1〉 6시그마수준의 이해

6σ 품질 수준은 제조공정에서 장기적 관리과정 중에 중심위치에서 평균치의 변동을 $\pm 1.5\sigma$수준으로 허용한다면 최소공정능력지수 $C_{Pk} = 1.5$, 불량률 3.4ppm으로 나타나게 됩니다.

① 단기공정능력 $6\sigma = 0.002\,\text{ppm}$

② 장기적 평균 변동 폭(허용되는 치우침): $\pm 1.5\sigma$

③ 치우침을 고려한 공정능력지수(최소공정능력지수)

$$C_{Pk} = \min(C_{PkL}, C_{PkU}) = C_{PkU}$$
$$= \frac{U - \bar{x}}{3\sigma} = \frac{6\sigma - 1.5\sigma}{3\sigma} = 1.5$$

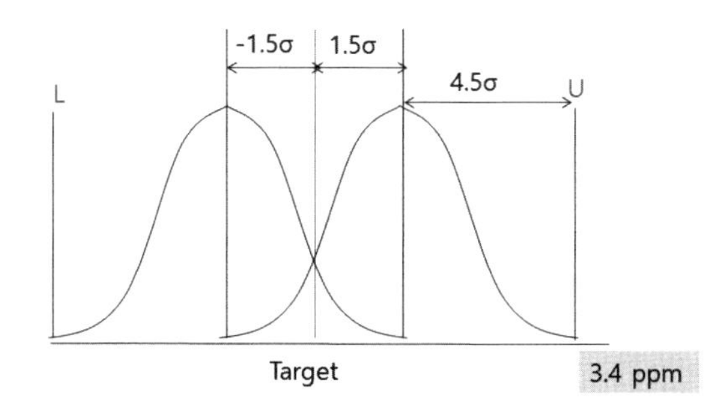

〈그림 7-2〉 장기적 평균치 변동을 고려한 6시그마수준

이를 치우침을 고려한 6시그마수준이라 하며, 이는 장기공정능력(P_P)의 최소기대치가 됩니다. 이러한 장기적 평균치의 $\pm 1.5\sigma$ 변동은 6시그마 활동을 창시한 모토로라의 빌 스미스가 공정능력지수가 2.0인 6시그마수준의 공정이 실제 생산을 운영한 결과 품질이 4.5시그마수준으로 나타나게 된 과정을 규명하면서 공식화되었습니다. 즉 이 공식은 최소공정능력지수와의 관계를 설명할 수 있으며 또한 장기시그마수준과 단기시그마수준의 관계를 다음과 같이 설명할 수 있습니다.

① 단기 최소공정능력지수 $C_{Pk} \geq C_P - 0.5$

② 장기 최소공정성능지수 $P_{Pk} = C_P - 0.5$

③ 장기시그마수준($Z_{long term}$)
=단기시그마수준($Z_{short\ term}$)-1.5시그마수준

7.2 계수형 데이터의 공정능력지수 측정

(1) 최소공정능력지수와 불량률의 관계

일반적으로 개별로트의 검사성적서에는 최소공정능력지수(Cpk)를 표기합니다. 그 이유는 최소공정능력지수로 불량률을 바로 인지할 수 있기 때문이며, 또한 불량률을 알면 시그마수준을 인지할 수 있습니다.

규격상한(U)을 표준정규로 치환하면 시그마수준 Z가 되며, 이는 최소공정능력지수의 3배 값이 됩니다. 그러므로 1-NORM.S.DIST ($3\times C_{PK}$)로 구한 값이 불량률입니다.

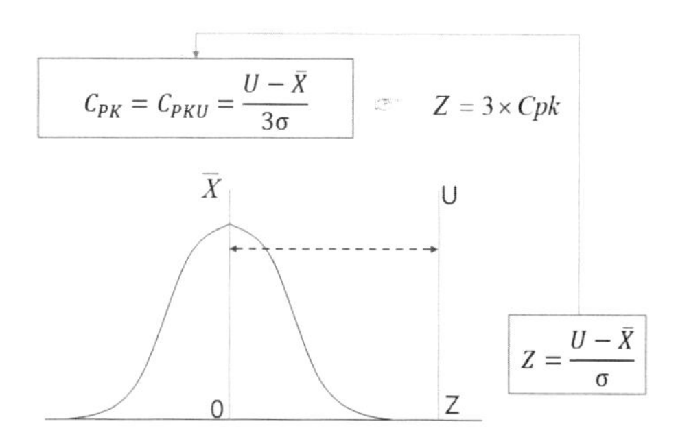

〈그림 7-3〉 최소공정능력지수와 시그마수준의 관계

C_{PK}로 불량률을 구해보겠습니다. 최소공정능력지수에 3을 곱한 표준화 상수 Z를 입력합니다. 그리고 셀에 '=1-NORM.S.DIST'를 입력하고 함수마법사를 클릭합니다. Z에 최소공정능력지수를 입력할 때는 3을 곱하여 입력해야 하며, 시그마수준을 입력할 경우 최소공정능력지수의 3배이므로 그냥 입력하고, 누적을 1로 하면 됩니다.

Cpk	Z	P %
0.0	0.0	50.00000%
0.1	0.3	38.20886%
0.2	0.6	27.42531%
0.3	0.9	18.40601%
0.4	1.2	11.50697%
0.5	1.5	6.68072%
0.6	1.8	3.59303%
0.7	2.1	1.78644%
0.8	2.4	0.81975%
0.9	2.7	0.34670%
1.0	3.0	0.13499%
1.1	3.3	0.04834%
1.2	3.6	0.01591%
1.3	3.9	0.00481%
1.4	4.2	0.00133%
1.5	4.5	0.00034%

$Z = 3C_{Pk}$

함수 인수
NORM.S.DIST
Z C2*3 = 0
Cumulative 1 = TRUE
= 0.5
표준 정규 누적 분포값을 구합니다. 평균이 0이고 표준 편차가 1인 정규 분포를 의미합니다.
Z 은(는) 분포를 구하려는 값입니다.
수식 결과= 50.00000%
도움말(H) 확인 취소

(2) 불량률과 장기시그마수준

장기적으로 집계한 불량률 데이터를 NORM.S.INV에 '1-불량률'을 입력하면 장기시그마수준($Z_{longterm}$)으로 환산됩니다. 장기시그마수준은 단기시그마수준에서 1.5시그마 변동이 허용된 결과입니다. 만약 P%가 장기간의 실적에서 나온 결과라면 P%를 시그마수준으로 환산하면 당연히 장기시그마수준이 됩니다.

Cpk	Z	P%	장기시그마수준
0.0	0.0	50.00000%	0.0
0.1	0.3	38.20886%	0.3
0.2	0.6	27.42531%	0.6
0.3	0.9	18.40601%	0.9
0.4	1.2	11.50697%	1.2
0.5	1.5	6.68072%	1.5
0.6	1.8	3.59303%	1.8
0.7	2.1	1.78644%	2.1
0.8	2.4	0.81975%	2.4
0.9	2.7	0.34670%	2.7
1.0	3.0	0.13499%	3.0
1.1	3.3	0.04834%	3.3
1.2	3.6	0.01591%	3.6
1.3	3.9	0.00481%	3.9
1.4	4.2	0.00133%	4.2
1.5	4.5	0.00034%	4.5

$= NORM.S.INV(1 - P\%)$

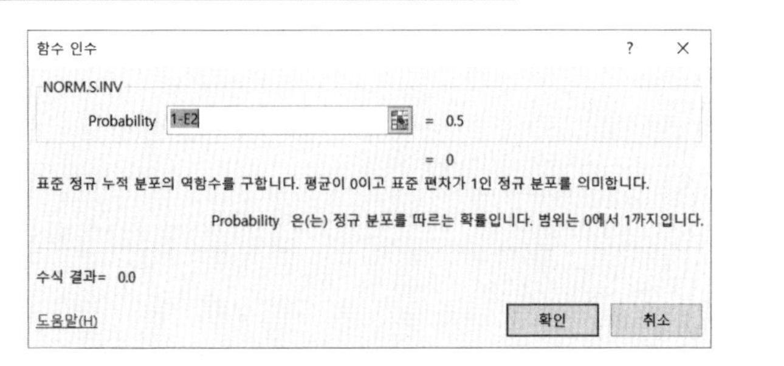

(3) 계수형 데이터의 공정능력지수의 계산

계수형 데이터로 공정능력지수를 구할 수 있을까요? 불량률 데이터는 그 자체가 실적 데이터이므로 공정성능지수로 환산할 수 있습니다. 통상 분기 정도 이상의 장기간 실적 데이터가 필요하며 부분군의 수는 대략 40개 이상입니다. 그러므로 이 기간의 누적 표본 수는 매우 크므로 정규분포를 따르는 것은 당연합니다.

① 이 기간 동안의 누적 불량률을 구합니다.

만약 이 기간 동안 누적된 불량률을 1.1%라 가정합니다.

$$P \cong \frac{\Sigma X}{\Sigma n} \cong 0.011$$

② 함수마법사 NORM.S.INV를 불러 0.989(=1−0.011)를 입력하면 장기시그마수준($Z_{longterm}$)은 2.29로 나타납니다.

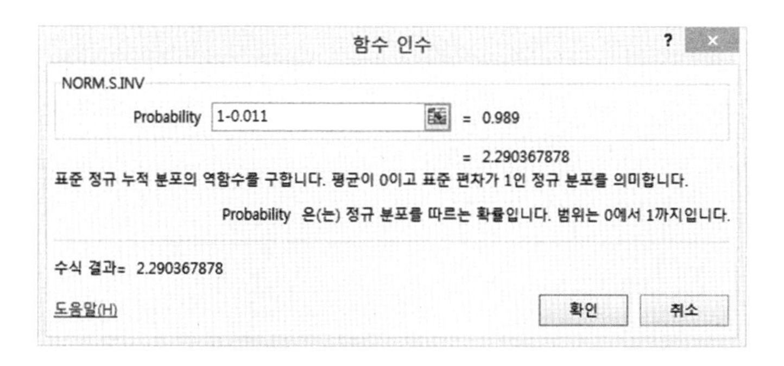

③ 장기시그마수준과 단기시그마수준 사이에 허용되는 변동이 $\pm 1.5\sigma$이므로

ⓐ 단기시그마수준 $Z_{shortterm} = 2.29 + 1.5 = 3.79$

ⓑ 공정능력지수 $C_P = \frac{3.79}{3} = 1.26$입니다.

즉, 계수치 공정능력지수는 장기시그마수준에서 1.5시그마를 더한 값을 단기시그마수준으로 보고 이를 3으로 나누어 공정능력지수를 구합니다.

$$C_P = \frac{NORM.S.INV(1-P\%)+1.5}{3}$$

7.3 산점도의 작성과 해석

(1) 산점도와 상관관계

산점도는 여러 상황 하에서 두 변수 혹은 그 이상의 변수들이 어떠한 함수관계를 가지고 있는지, 그 함수 관계의 강도는 어느 정도인지를 확인하고자 할 때 사용합니다.

예를 들면 어떤 제품의 판매량과 가격과의 관계, 어떤 금속의 내구력과 강도 사이의 관계 등 매우 다양한 측면에서 사용될 수 있습니다. 만일 원료 중의 불순물과 제품의 순도 사이에 관계가 있으면 가급적 불순물이 적은 원료를 구입한다는 조치를 취해야 합니다. 또한 반응 온도나 수량 사이의 관계를 이용하여 적절한 작업표준을 작성할 수 있습니다.

이와 같이 어떠한 요인의 측정치의 연속적인 변화에 대하여 다른 측정치가 연속적으로 변화하는 경우, 이들 간에 상관(correlation) 관계가 있다고 판단하며, 양자 간의 데이터의 관계를 그래프로 표현한 것이 산점도입니다.

그러므로, 산점도는 개선하여야 할 특성과 그 요인과의 관계를 파악하는 데 사용됩니다. 또한 어느 특성과 다른 특성과의 관계, 하나의 특성에 대한 두 요인 간의 관계 등을 조사할 목적으로도 사용합니다.

(2) 산점도로 상관관계 해석하기

① 점의 경향 판정

㉠ 정 상관: x가 증가할 때 y도 증가하는 경향 〈그림 7-4〉 ①

㉡ 부 상관: x가 증가할 때 y는 감소하는 경향 〈그림 7-4〉 ②

㉢ 0 상관: 점의 움직임에 특별한 규칙이 없을 경우

② 점이 경향선에서 떨어진 정도로 상관관계의 크기를 평가합니다. 〈그림 7-5〉

③ 이상치가 있는지 확인합니다. 〈그림 7-4〉 ④

④ 선을 클릭하면 회귀적합선과 회귀의 기여율이 나타납니다. 〈그림 7-5〉

ⓐ 기여율이 높을수록 상관관계가 높습니다.

ⓑ 회귀선으로 요인의 변화에 따른 결과치를 추정합니다.

⑤ 층별할 필요가 있는지 조사합니다. 〈그림 7-4〉 ⑤, ⑥

⑥ '위 상관'이 아닌가를 봅니다.

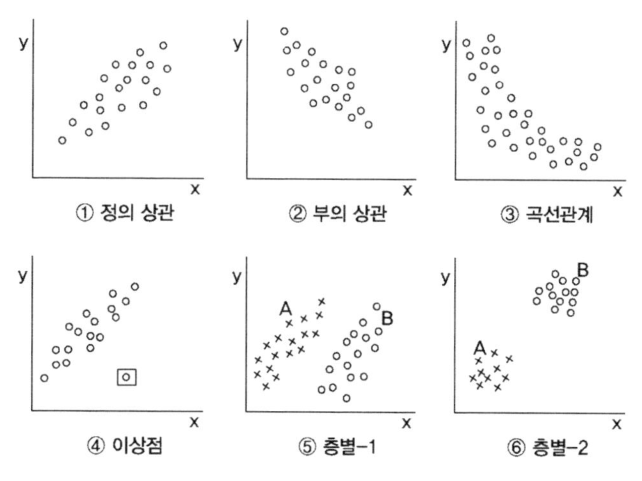

〈그림 7-4〉 산점도의 여러 가지 유형

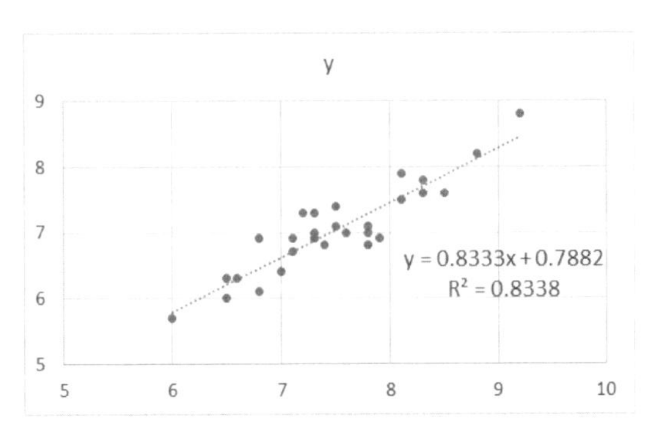

〈그림 7-5〉 산점도와 회귀선

(3) 산점도 작성하기

다음은 산점도 분석을 위한 예시 데이터입니다. 이 데이터로 산점도를 작성하고 해석해 보겠습니다.

no.	x	y	no.	x	y	no.	x	y
1	6.8	6.1	11	7.8	6.8	21	7.3	7
2	7.1	6.7	12	9.2	8.8	22	8.1	7.9
3	6.5	6.3	13	6	5.7	23	7.9	6.9
4	7.8	7.1	14	7.5	7.1	24	7.8	7.1
5	7.5	7.4	15	7.8	7	25	7.3	6.9
6	8.5	7.6	16	6.8	6.9	26	8.1	7.5
7	8.8	8.2	17	7.3	7.3	27	7.6	7
8	7	6.4	18	7.3	6.9	28	8.3	7.8
9	7.4	6.8	19	8.3	7.6	29	6.6	6.3
10	6.5	6	20	7.2	7.3	30	7.1	6.9

① 데이터를 열 방향으로 정리하여 엑셀에 입력한 후 삽입 → 추천 차트에서 분산형을 선택합니다.

② 그래프를 효과적으로 보기 위해 y축을 클릭한 후 마우스 우측 버튼을 통해 축 서식을 부릅니다. 축 서식에서 최소치를 변경하고 X축 역시 같은 방식으로 숫자를 조정합니다.

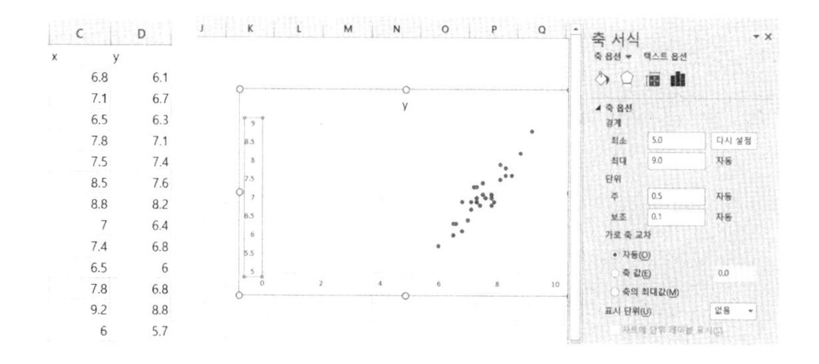

③ 점을 클릭하여 추세선서식을 열어 수식을 차트에 표시하고 R^2 값을 기록하게 합니다.

산점도는 양의 상관을 보이며 전체 점들의 움직임은 기여율이 83.4%이므로 상관관계는 매우 깊다고 할 수 있습니다. 또한 관리항목 X를 정하면 품질특성 y는 다음의 값을 기대할 수 있 있습니다.

$$y = 0.8333x + 0.7882$$

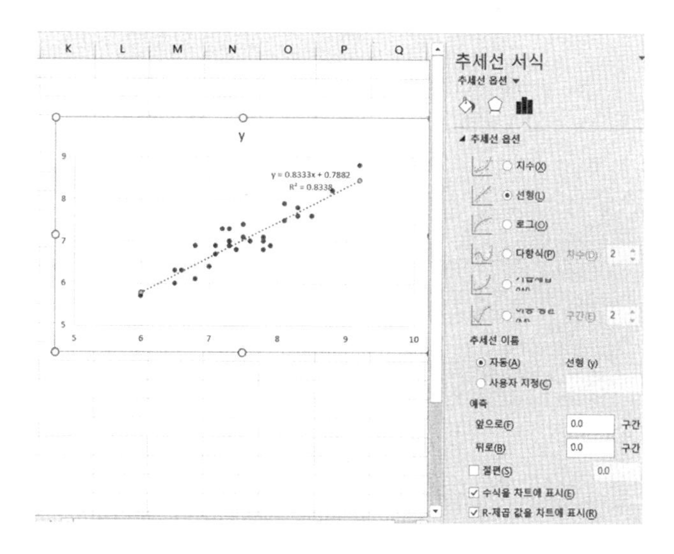

학습정리

제7장. 품질을 측정하는 다양한 방법을 학습해보자.

1) 6시그마수준

① $C_P = 2.0$, $C_{Pk} = 1.5$인 경우가 6시그마수준이다.

② 식스시그마에서 치우침을 고려하는 공정능력지수는 생산 결과 나타나는 최소공정능력지수로 결론적으로 장기공정능력의 최소치와 유사한 개념이 된다.

2) 계수치의 공정능력지수

불량률을 Z값으로 환산하면 장기공정능력지수가 된다.

① $1 - NORM.S.INV(1 - P\%)$로 장기시그마수준을 구한다.

② 장기시그마수준+1.5=단기시그마수준을 구한다.

③ $C_P = \frac{장기시그마수준 + 1.5}{3}$으로 구한다.

3) 산점도를 작성하고 두 변량 상호간의 상관관계를 확인한다.

① 그래프 마법사를 활용하여 산점도를 작성한다.

② 산점도를 활용하여 두 변량의 상관관계의 유효성을 판정한다.

PART 8

기초통계 활용 종합 사례연구

8장

기초통계 활용 종합 사례연구

학습내용

- 데이터분석으로 기술통계량을 분석할 수 있다.
- 평균치의 신뢰구간을 측정할 수 있다.
- 품질수준을 평가하고 공정의 문제점을 비교 분석할 수 있다.

8.1 데이터분석으로 기술통계량 측정하기

(1) 개선목표 설정하기

J사의 가공공정은 최근 고객사로부터 품질수준을 향상시켜 공정의 단기시그마수준을 4.5시그마수준 이상으로 관리할 것을 강력하게 요구받고 있습니다.

돌풍분임조는 이 문제에 대응하기 위해 가공공정에서 3개월간의 총 검사량 15,000개 중 102개의 공정 불량이 발생한 사항을 확인하고 시그마수준을 측정하였습니다.

① **공정불량률**: $P=\dfrac{102}{15000}=0.68\%$

② **장기시그마수준**: NORM.S.INV(1−0.0068)=2.47 시그마수준

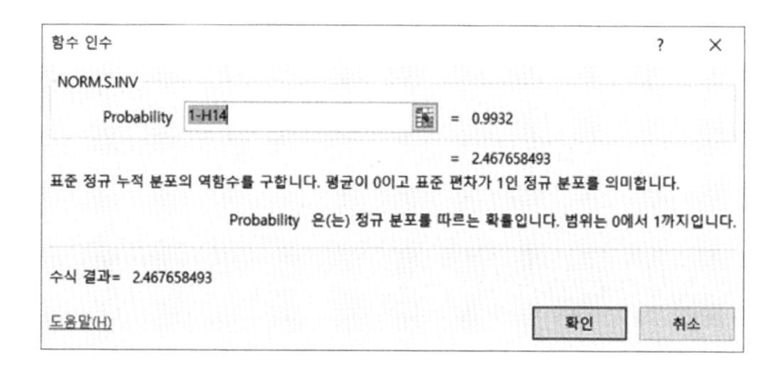
함수 인수

NORM.S.INV

Probability 1-H14 = 0.9932

= 2.467658493

표준 정규 누적 분포의 역함수를 구합니다. 평균이 0이고 표준 편차가 1인 정규 분포를 의미합니다.

Probability 은(는) 정규 분포를 따르는 확률입니다. 범위는 0에서 1까지입니다.

수식 결과= 2.467658493

도움말(H) 확인 취소

③ 단기시그마수준: 2.47+1.5=3.97 시그마수준

④ 그러므로 $4.5 - 3.97 = 0.53$ 시그마수준 이상의 개선이 이루어져야 합니다.

⑤ 개선되어야 할 불량률 목표

요구하는 장기시그마수준=4.5−1.5=3.0 시그마수준이므로 요구되는 목표불량률은 0.13% 이하입니다. 즉 현재보다 발생되는 공정불량률을 $\dfrac{0.68-0.13}{0.68} = 80.1\%$ 를 줄여야 합니다.

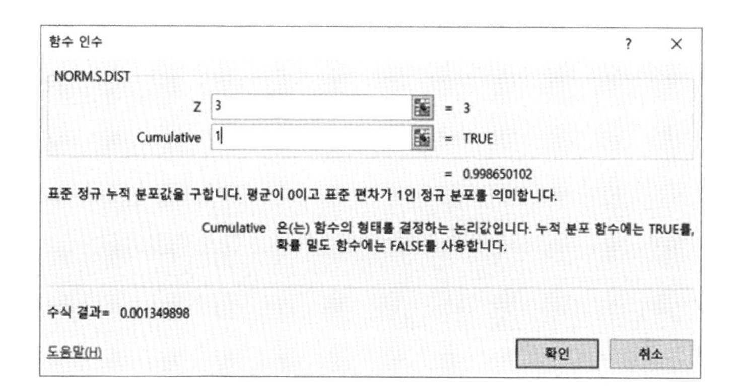
함수 인수

NORM.S.DIST

Z 3 = 3

Cumulative 1 = TRUE

= 0.998650102

표준 정규 누적 분포값을 구합니다. 평균이 0이고 표준 편차가 1인 정규 분포를 의미합니다.

Cumulative 은(는) 함수의 형태를 결정하는 논리값입니다. 누적 분포 함수에는 TRUE를, 확률 밀도 함수에는 FALSE를 사용합니다.

수식 결과= 0.001349898

도움말(H) 확인 취소

(2) Vital Few 확인하기

돌풍분임조는 주요 개선 대상이 무엇인지 확인하기 위해 불량원인을 층별하여 파레토도를 작성한 결과 자재 불량 등이 높은 비중을 차지하고 있음을 알 수 있었습니다.

항목	건수
공구불량	24
지그불량	16
자재불량	39
작업실수	6
Utility 불량	4
Balance 불량	3
측정불량	8
원인불명	2
	102

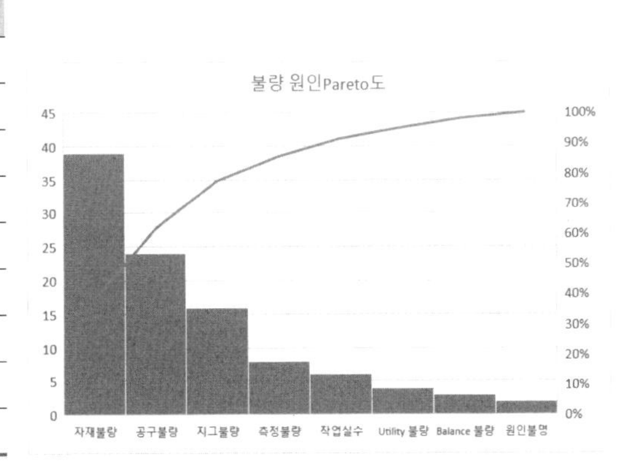

〈그림 8-1〉 불량 원인 파레토도

돌풍분임조는 우선 가장 점유율이 큰 자재문제를 먼저 해결하기로 결정하였습니다. 가공 원료인 Bar는 거래선이 A사와 B사 및 C사가 있었으나, C사는 품질 문제로 거래하지 않고 있습니다.

최근 반장들은 두 회사 자재의 평균치 차이가 있어 작업이 힘들다는 의견을 제시하고 있습니다. 그래서 두 회사의 품질특성을 비교분석하기로 하고 자재창고에서 15개씩 샘플링하였습니다.

(3) 데이터분석 창으로 불러내기

엑셀에서 데이터분석 프로그램을 생성시켜 공정을 효과적으로 분석해 봅시다.

① 엑셀 2013 이상은 파일 ▶ 좌측하단의 옵션을 클릭하면 Excel 옵션 창이 나타납니다.

2010 이하 버전은 윈도우 단추 ▶ 좌측하단의 엑셀 옵션을 클릭하면 됩니다.

대화상자 내에 분석도구를 클릭한 후 하단의 'Excel 추가기능' 우측의 '이동' 버튼을 클릭합니다.

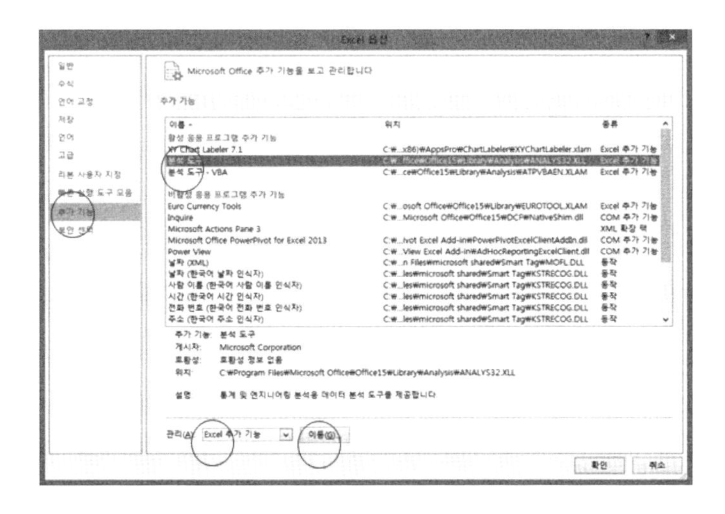

② 추가기능에 대한 대화상자가 열립니다. 추가기능에서 분석 도구에 대해 클릭한 후 확인을 클릭하면 잠시 후 데이터 띠에 데이터 분석이 생성됩니다.

데이터 분석은 기본적인 검추정을 비롯하여 ANOVA 분석, 기술통계량 분석, 분포에 적합한 랜덤 수의 추출 등 다양한 용도로 활용이 가능합니다.

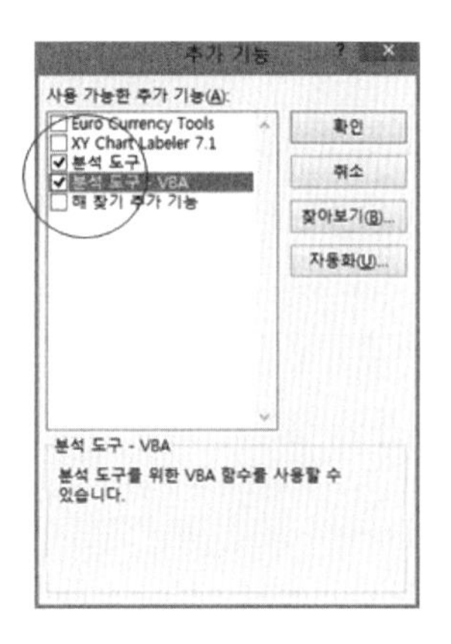

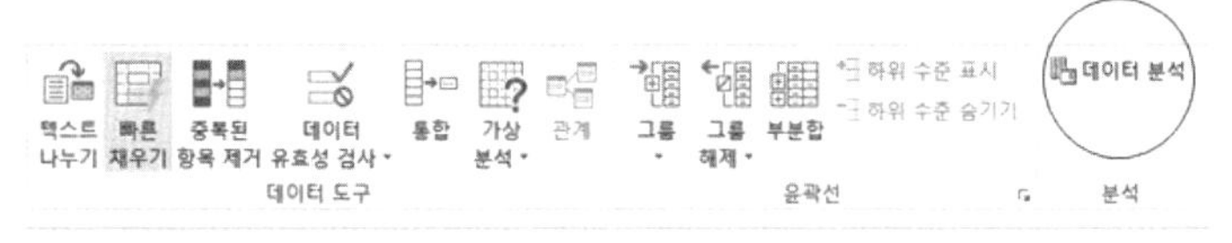

(4) 기술통계법으로 통계량 구하기

기술통계법을 활용하여 한꺼번에 통계량들을 계산해봅시다.

먼저 데이터를 열 방향으로 정리합니다. 데이터 해석은 함수마법사와 달리 데이터가 다른 열에 있으면 다른 데이터로 판단하고 각각으로 분리하여 답을 구합니다. 반면 그림과 같이 데이터를 준비하시면 한꺼번에 2가지 모집단을 동시에 분석할 수도 있습니다.

데이터 ▶ 데이터 분석을 클릭하면 통계 데이터 분석이 열립니다. 통계 데이터 분석에는 여러 가지의 통계적 분석 기법이 포함되어 있습니다. 이 중 '기술 통계법'을 클릭합니다. 불행하게도 원래 A, B, C 순으로 정리된 것이라 한글로는 순서가 일정하지 않습니다.

A사	B사
19.57	19.95
19.86	20.44
19.95	20.04
20.49	21.46
19.40	19.98
19.82	20.56
19.60	21.29
20.18	21.10
19.75	20.36
19.95	19.95
19.03	20.64
20.93	20.24
20.36	19.62
19.84	20.59
19.63	20.48

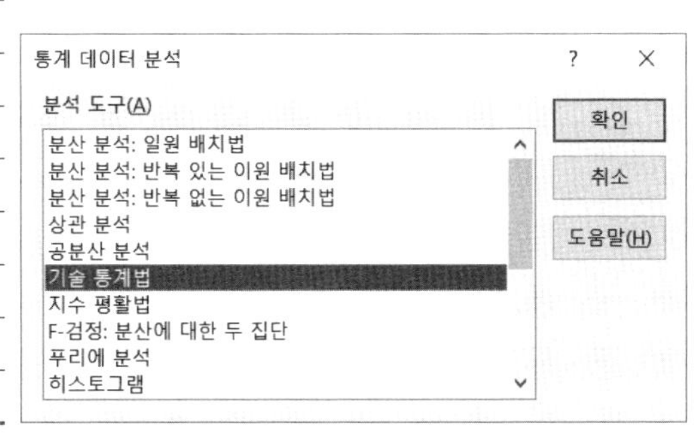

기술통계법 대화상자에서

① '입력범위'에 열 방향으로 정리된 데이터를 연결한 후, 데이터를 '열' 방향으로 체크하고 '첫째 행 이름표 사용'을 체크합니다. 이름표는 정보의 모집단을 구분할 수 있으므로 기록하는 것이 좋습니다.

② '출력 옵션'에서 데이터를 출력할 위치에 '출력 범위'를 표기합니다.

③ '요약통계량'은 평균, 표준편차(STDEV.S) 등을 비롯하여 추가로 학습하지 않은 많은 통계량을 볼 수 있습니다.

④ '평균에 대한 신뢰수준'은 평균의 범위를 보여주는 것으로 평균을 비교하는 데 매우 유용한 값입니다.

⑤ K번째 큰 값과 작은 값은 max, min 이외에 두 번째 큰 값이나 작은 값이 필요한 경우 순위를 입력하면 원하는 순위에 해당되는 값을 구할 수 있습니다.

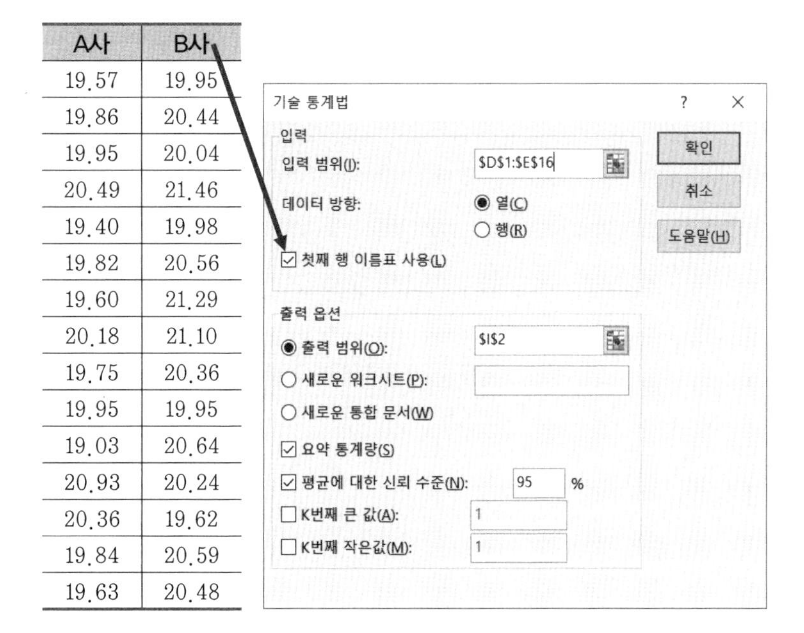

A사	B사
19.57	19.95
19.86	20.44
19.95	20.04
20.49	21.46
19.40	19.98
19.82	20.56
19.60	21.29
20.18	21.10
19.75	20.36
19.95	19.95
19.03	20.64
20.93	20.24
20.36	19.62
19.84	20.59
19.63	20.48

(5) 기술통계법 해석하기

A사와 B사의 주요한 통계량이 모두 측정되었습니다.

① 중심적 경향으로는 평균, 중앙값이 구해집니다. 최빈수는 데이터가 적고 구간으로 정리된 값이 아니므로 의미가 없습니다. B사가 평균이 좀 큰 값이긴 한데…

② 산포에 대해서는 표준편차, 분산 및 범위가 구해집니다. 산포의 차이는 큰 차이가 없습니다.

③ 데이터의 합과 관측수도 구해졌습니다.

④ 우선 A사와 B사의 데이터 범위를 구해볼까요?

- A사의 데이터 범위: 19.03~20.93
- B사의 데이터 범위: 19.62~21.46

범위가 겹치긴 하지만 차이가 있는 것 같습니다. 하지만 확신을 갖기에는 부족합니다.

A사		B사	
평균	19.89066667	평균	20.44666667
표준오차	0.119831098	표준오차	0.135346704
중앙값	19.84	중앙값	20.44
최빈값	19.95	최빈값	19.95
표준편차	0.464103847	표준편차	0.524195529
분산	0.215392381	분산	0.274780952
첨도	0.922703645	첨도	-0.262020116
왜도	0.520899563	왜도	0.539310918
범위	1.9	범위	1.84
최소값	19.03	최소값	19.62
최대값	20.93	최대값	21.46
합	298.36	합	306.7
관측수	15	관측수	15
신뢰수준(95%)	0.257012144	신뢰수준(95%)	0.290289808

⑤ 첨도는 함수마법사 'KURT'로 구합니다. 이 데이터처럼 0보다 크면 로트의 평균 부위가 뾰족하고 양끝 단의 데이터가 많다는 뜻이며, 0보다 작으면 중심부는 완만하며 양끝 단의 데이터는 적다라는 뜻입니다. 0에 가까우면 정규분포입니다.

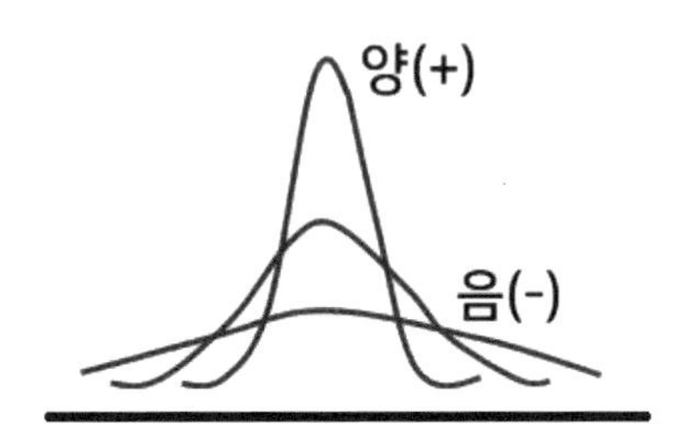

⑥ 왜도는 함수마법사 'SKEW'로 구합니다. 0보다 크면 평균보다 작은 쪽에 최빈수가 나타나는 치우친 분포이고, 0보다 작으면 평균보다 큰 쪽에 최빈수가 나타나는 치우친 분포란 뜻입니다. 이 데이터처럼 0에 가까우면 정규분포입니다.

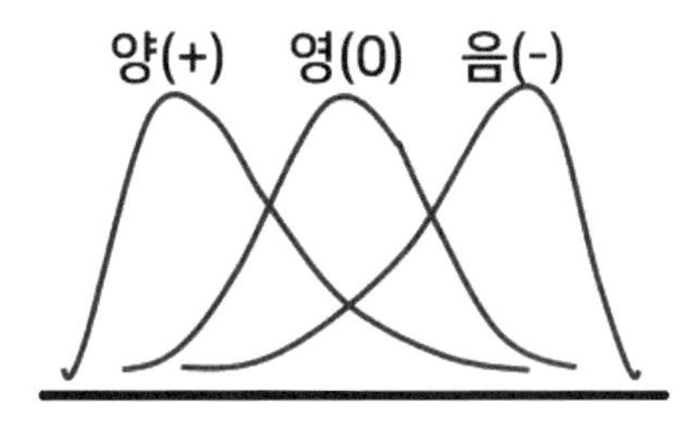

하지만 첨도와 왜도는 표본의 크기가 히스토그램을 그릴 정도의 대량인 경우에는 의미가 있지만 이 데이터와 같이 소표본에서는 오차가 커서 의미가 없습니다.

A사		B사	
평균	19.89066667	평균	20.44666667
표준오차	0.119831098	표준오차	0.135346704
중앙값	19.84	중앙값	20.44
최빈값	19.95	최빈값	19.95
표준편차	0.464103847	표준편차	0.524195529
분산	0.215392381	분산	0.274780952
첨도	0.922703645	첨도	-0.262020116
왜도	0.520899563	왜도	0.539310918
범위	1.9	범위	1.84
최소값	19.03	최소값	19.62
최대값	20.93	최대값	21.46
합	298.36	합	306.7
관측수	15	관측수	15
신뢰수준(95%)	0.257012144	신뢰수준(95%)	0.290289808

8.2 평균치의 신뢰수준 측정하기

(1) 평균치의 표준편차와 평균치의 신뢰수준(95%)

표준오차는 평균치의 표준편차를 뜻하며 표준편차를 표본수의 제곱근으로 구합니다. 평균치의 표준편차는 그 집단의 평균치가 포함될 범위를 추론하기 위해 구하는 통계량입니다. 추측통계학에서 가장 기본이 되는 통계량 중 하나입니다. A공정과 B공정의 평균치의 표준편차(표준오차)는 다음과 같습니다.

- A사: $\sigma_{\overline{X}} = \dfrac{\sigma}{\sqrt{n}} = \dfrac{0.4641}{\sqrt{15}} = 0.1198$
- B사: $\sigma_{\overline{X}} = \dfrac{\sigma}{\sqrt{n}} = \dfrac{0.5242}{\sqrt{15}} = 0.1353$

그럼 맨 하단의 신뢰수준은 무엇일까요? 그것은 평균치가 포함되는 범위를 나타낸 것입니다.

평균치의 범위를 추론하면 다음과 같습니다.

- A사: 19.891 ± 0.257 = 19.634 ~ 20.148
- B사: 20.446 ± 0.290 = 20.156 ~ 20.736

평균치의 차이가 명확합니다. B사가 A사보다 큽니다. 또한 목표하는 평균이 20이라면 A사는 평균의 추론 범위에 평균이 포함되어 있으므로 문제가 없지만 B사는 평균이 하측으로 벗어나 있으므로 상측으로 평균이 치우쳤다는 뜻이 됩니다. 이렇게 용도가 다양하게 활용될 수 있습니다.

A사		B사	
평균	19.89066667	평균	20.44666667
표준오차	0.119831098	표준오차	0.135346704
중앙값	19.84	중앙값	20.44
최빈값	19.95	최빈값	19.95
표준편차	0.464103847	표준편차	0.524195529
분산	0.215392381	분산	0.274780952
첨도	0.922703645	첨도	-0.262020116
왜도	0.520899563	왜도	0.539310918
범위	1.9	범위	1.84
최소값	19.03	최소값	19.62
최대값	20.93	최대값	21.46
합	298.36	합	306.7
관측수	15	관측수	15
신뢰수준(95%)	0.257012144	신뢰수준(95%)	0.290289808

(2) 평균치의 신뢰수준(95%)

신뢰수준은 신뢰할 수 있는 범위에 모수 즉 모평균이 포함되는 확률이 어느 정도인가를 나타내는 용어입니다. 신뢰수준의 반대를 위험률이라 합니다.

일반적으로 모평균의 신뢰수준 즉 모평균이 포함될 범위는 $\pm 2\sigma$ 의미를 갖는 95% 확률범위를 바탕으로 합니다. 왜냐하면 정보의 가치는 신뢰에 있기 때문입니다. 일반적으로 10 중 8~9는 믿는다는 표현을 씁니다. 즉 95%는 신뢰할 수 있는 범위란 뜻이 됩니다.

통계학에서는 모평균이 95% 확률범위를 벗어나는 확률은 5% 밖에 되지 않으므로 매우 낮은 확률이 됩니다. 그러므로 동일한 관점에서 모평균이 변했다고 판단합니다. 결론적으로 95% 신뢰수준은 평균이 이 범위 안에 있을 확률이 95% 이상이란 뜻입니다.

(3) 평균치의 신뢰수준 함수마법사

데이터 분석에서 신뢰수준은 정규분포의 신뢰구간 CONFIDENCE.NORM 함수와 표준편차를 모르거나 정규분포를 따르는 것에 대한 확신이 없는 경우 CONFIDENCE.T로 구합니다. CONFIDENCE.NORM 함수와 CONFIDENCE.T의 차이는 모표준편차를 입력할 것인지 표본표준편차를 입력할 것인지의 차이입니다. 표본이 30개가 넘어가면 큰 차이가 없으며 평소에는 기술통계량을 이용하는 것이 좋습니다. 참고로 기술통계량에서는 분포가 확정된 것이 아니라고 가정하므로 CONFIDENCE.T로 계산되어 구해집니다.

A사의 데이터에 CONFIDENCE.T를 적용하여 평균치의 범위를 추정하면 기술통계량의 결과와 같습니다. 함수마법사에서 CONFIDENCE.T를 부릅니다. 'Alpha'에 1-신뢰수준 즉 위험률 '0.05', 표준편차에 0.4641, Size에 표본수 15를 입력하면 0.257이 나타납니다.

$$\mu_0 \pm CONFIDENCE.T = 19.891 \pm 0.257 = 19.634 \sim 20.148$$

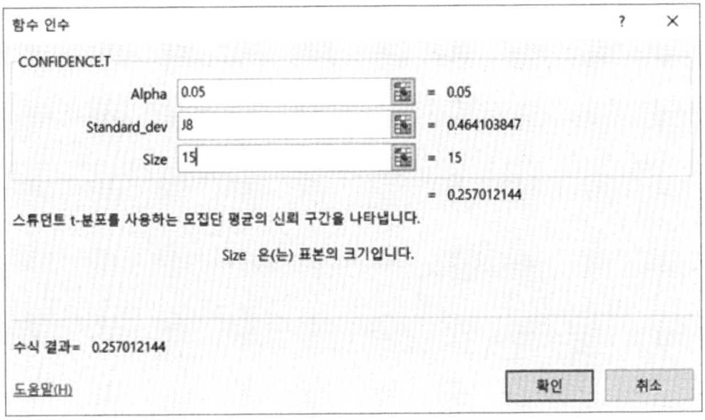

함수 인수

CONFIDENCE.T

Alpha 0.05 = 0.05

Standard_dev J8 = 0.464103847

Size 15 = 15

= 0.257012144

스튜던트 t-분포를 사용하는 모집단 평균의 신뢰 구간을 나타냅니다.

Size 은(는) 표본의 크기입니다.

수식 결과= 0.257012144

도움말(H) 확인 취소

같은 방법으로 B사의 데이터를 기술통계량으로 평균치의 범위를 추정하면 다음과 같습니다.

$$\mu_0 \pm CONFIDENCE.T = 20.447 \pm 0.290 = 20.156 \sim 20.736$$

(4) 상자수염그림으로 평균치 차이의 분포 확인

A사와 B사의 데이터에 대해 상자수염그림을 작성해 보면 평균치 차이가 있을 경우 분포의 평균위치 차이가 상당한 차이가 있음을 확인할 수 있습니다.

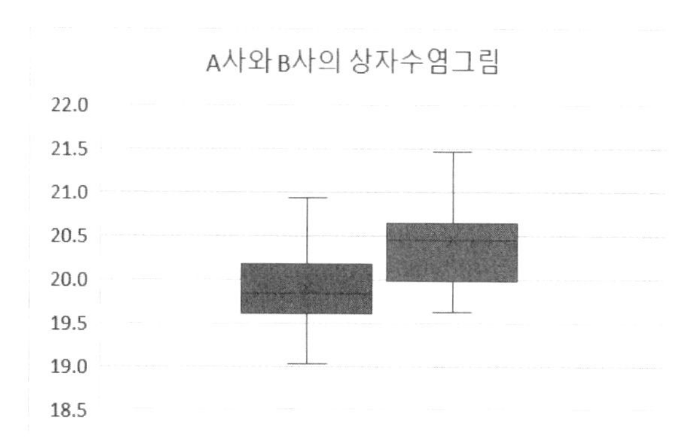

그럼 산포의 차이가 있다면 어떻게 될까요? 협력업체 C사의 경우 표준편차가 A사와 B사에 비해 매우 크기 때문에 거래를 하지 않았습니다. 창고에서 그동안 입고되어 있던 로트에서 15개를 뽑아 측정한 후 비교한 자료입니다.

A사		B사		C사	
평균	19.89067	평균	20.44667	평균	19.85133
표준오차	0.119831	표준오차	0.135347	표준오차	0.282726
중앙값	19.84	중앙값	20.44	중앙값	19.6
표준편차	0.464104	표준편차	0.524196	표준편차	1.094994
합	298.36	합	306.7	합	297.77
관측수	15	관측수	15	관측수	15

3사를 대상으로 상자수염그림을 그려봅시다. 산포가 큰 경우 평균치가 포함되므로 우열을 알기 어려우나 상자수염그림을 그려보면 분포가 매우 크게 나타남을 알 수 있습니다. C사의 경우 이상치가 없이 산포가 크므로 확실히 산포가 큰 경우입니다.

A사	B사	C사
19.57	19.95	19.82
19.86	20.44	18.80
19.95	20.04	21.20
20.49	21.46	19.36
19.40	19.98	20.23
19.82	20.56	20.58
19.60	21.29	19.71
20.18	21.10	19.60
19.75	20.36	18.95
19.95	19.95	19.58
19.03	20.64	21.81
20.93	20.24	17.86
20.36	19.62	19.18
19.84	20.59	19.37
19.63	20.48	21.72

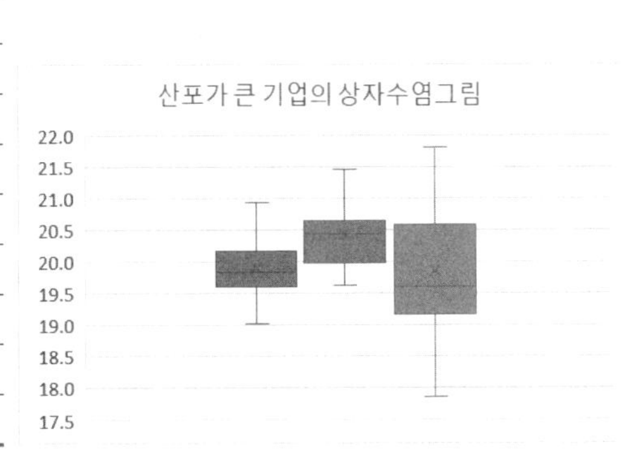

8.3 품질수준 평가하기

협력업체 3사에서 공급받는 제품의 규격공차는 19.95 ± 2.00을 기준으로 관리되고 있습니다. 이 데이터들은 입고 자재를 측정한 것이므로 단기 로트입니다.

(1) A사의 공정능력지수 측정결과

① $C_P = \dfrac{U-L}{6 \times s} = \dfrac{4.0}{6 \times 0.4641} = 1.44$

② $C_{Pk} = \min(C_{PkL}, C_{PkU}) = \dfrac{\bar{x}-L}{3s} = \dfrac{19.89-17.95}{3 \times 0.4641} = 1.39$

③ 기대 불량률 $P = 14.4\text{ppm}$

④ 공정능력평가

A사의 공정능력은 1등급이며, 최소공정능력지수 또한 1등급입니다.

불량률은 14.4ppm이므로 제로 수준에 가깝습니다.

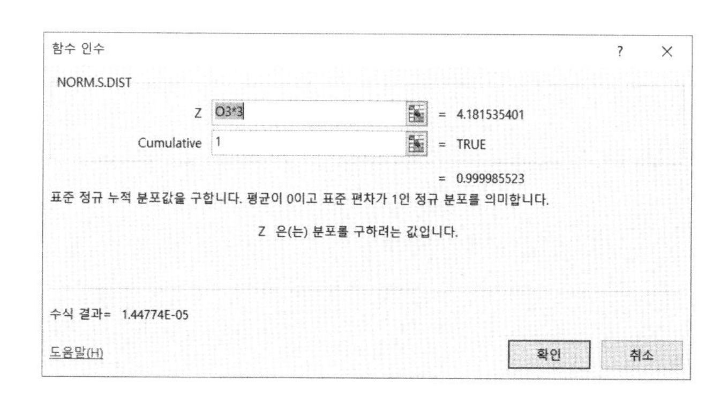

(2) B사의 공정능력지수 측정결과

① $C_P = \dfrac{U - L}{6 \times s} = \dfrac{4.0}{6 \times 0.5242} = 1.27$

② $C_{Pk} = \min(C_{PkL}, C_{PkU}) = \dfrac{U - \overline{x}}{3s} = \dfrac{21.95 - 20.45}{3 \times 0.5242} = 0.96$

③ 기대 불량률 $P = 2066\text{ppm}$

④ 공정능력평가

공정능력은 2등급이며, 최소공정능력지수는 3등급입니다.

기대 불량률이 2066ppm이므로 평균치의 조정이 필요하며, 공정능력을 1등급으로 향상시키는 것이 필요합니다.

함수 인수
NORM.S.DIST
Z 3*T7 = 2.867886601
Cumulative 1 = TRUE
= 0.997933882
표준 정규 누적 분포값을 구합니다. 평균이 0이고 표준 편차가 1인 정규 분포를 의미합니다.
Cumulative 은(는) 함수의 형태를 결정하는 논리값입니다. 누적 분포 함수에는 TRUE를, 확률 밀도 함수에는 FALSE를 사용합니다.
수식 결과= 0.002066118
도움말(H)
확인 취소

(3) C사의 공정능력지수 측정결과

① $C_P = \dfrac{U-L}{6\times s} = \dfrac{4.0}{6\times 1.0950} = 0.61$

② $C_{Pk} = \min(C_{PkL}, C_{PkU}) = \dfrac{\overline{x}-L}{3s} = \dfrac{19.85-17.95}{3\times 1.0950} = 0.58$

③ 기대 불량률 $P = 4.12\%$

④ 공정능력평가

공정능력은 4등급이며, 최소공정능력지수도 당연히 4등급입니다. 기대 불량률이 4.12%이므로 우선적으로 표준편차를 개선하여 공정능력을 향상시켜야 합니다.

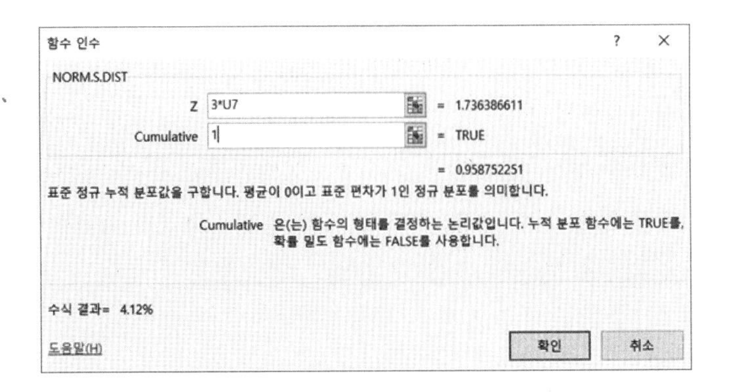

(4) 공정능력은 품질수준을 표현하는 언어이다.

품질수준이 낮은 공정은 최선을 다하여 공정을 관리하여도 불량품이 발생하는 것을 막을 수 없습니다. 반면 품질수준이 아무리 높게 설계되어도 공정의 치우침과 퍼짐 현상을 방치하면 대량 불량이 발생하는 것은 당연합니다. 공정능력지수는 공정의 설계품질수준, 현 로트의 품질수준, 분기 또는 그 이상의 기간 동안 품질실행수준 등을 측정하고 평가하는 품질의 Navigation입니다. 어떻게 하면 효과적으로 공정의 최적 품질을 구현할 수 있을지 공정능력지수로 알 수 있습니다.

학습정리

제8장. 기초통계 활용 종합 사례연구

1) 기술통계량 분석
   ① 파레토도로 주요 문제항목을 도출한다.
   ② 데이터분석의 기술통계법으로 통계량을 구한다.
   ③ 통계량으로 공정의 품질수준을 해석한다.

2) 평균치의 신뢰구간
   ① 평균치 차이를 확인하기 위한 평균치의 신뢰한계를 확인한다.
   ② 평균치의 구간을 비교하여 평균치의 차이를 확인한다.
   ③ 상자수염그림으로 분포의 차이를 비교하여 평균치와 산포의 차이를 확인한다.

3) 품질수준의 평가 및 비교
   ① 공정능력지수를 구하여 품질표준의 수준을 비교한다.
   ② 최소공정능력지수를 구하여 치우침 상태를 비교한다.
   ③ 불량률을 구하여 품질수준의 실행 결과를 비교한다.